格局强大的人具有不可抵挡的亲和力、影响力

# 格 局

## 大胆识 | 大格局 | 大胸怀

张晗正·编著

黑龙江科学技术出版社
HEILONGJIANG SCIENCE AND TECHNOLOGY PRESS

图书在版编目（CIP）数据

格局 / 张晗正编著 . -- 哈尔滨：黑龙江科学技术出版社，2020.4
ISBN 978-7-5719-0404-3

Ⅰ.①格… Ⅱ.①张… Ⅲ.①成功心理—通俗读物
Ⅳ.① B848.4-49

中国版本图书馆 CIP 数据核字 (2020) 第 030691 号

## 格局
GE JU

| | |
|---|---|
| 编　　著 | 张晗正 |
| 责任编辑 | 徐　洋 |
| 封面设计 | 书虫文化 |
| 出　　版 | 黑龙江科学技术出版社 |
| 地　　址 | 哈尔滨市南岗区公安街 70-2 号 |
| 邮　　编 | 150007 |
| 电　　话 | （0451）53642106 |
| 传　　真 | （0451）53642143 |
| 网　　址 | www.lkcbs.cn |
| 发　　行 | 全国新华书店 |
| 印　　刷 | 阳信龙跃印务有限公司 |
| 开　　本 | 880mm×1230mm　1/32 |
| 印　　张 | 6 |
| 字　　数 | 102 千字 |
| 版　　次 | 2020 年 4 月第 1 版 |
| 印　　次 | 2020 年 4 月第 1 次印刷 |
| 书　　号 | ISBN 978-7-5719-0404-3 |
| 定　　价 | 32.00 元 |

【版权所有，请勿翻印、转载】
本社常年法律顾问：
黑龙江承成律师事务所　张春雨　曹珩

## 编者的话

人生路漫漫，最怕碌碌无为、一事无成。我们每个人都不是天生的弱者，也没有人甘心一生平庸，成功虽然说起来简单，但真正成功的人却寥寥可数，为什么其中没有你呢，你是否思考过？

成功虽然看起来可望而不可即，但其实没有那么遥远。只要我们确定好方向，一步一步，踏歌前行，就没有到不了的远方。

不要期望成功会有捷径，也不要认为只要努力就能成功。成功不仅需要强大的信念，还需要矢志不渝的坚持，以及纵横捭阖的智慧。成功虽然没有捷径，但却有秘诀。

那么，成功的秘诀是什么呢？

是方法。

成功需要不懈的奋斗和努力，但有些人努力了也徒劳无功，为什么？因为他们的努力没有效果。想要左右逢源，想要心想事成，想要功成名就，就要通过各种途径去重塑自身，包括说话、办事、心理建设等。

  为人处世是一门精深的学问，一言一行都有其道理。说话是我们与人沟通的重要方式，不在于说什么，而在于怎么说。做事能力体现了一个人交际能力的强弱，想要事成，就要深谙交际之道，编织好人际关系网。做人不简单，弄懂做人之道可受益一生。会做人，才能立身；会做人，才能广交朋友；会做人，才能办好事。

  另外，心理状态也深藏玄妙，一颗心如果充满了负能量，郁郁寡欢，还斤斤计较，容不下，看不开，想不通，那么我们的人生也不可能顺遂。积极的心态是成功的加油站，只有元气满满，才能一往无前；只有不畏失败，勇往直前，才能所向披靡。

  本书不仅包含了为人处世的智慧、成功的方法，还涵盖了修心以及读懂他人的方法，这些秘诀一定能稳住你彷徨的心，指导你去努力与拼搏，提升你的人生高度，改写你的命运。

  愿本书能对你的人生有所帮助，帮你认清人生的真相，看清事实，找到通往成功的光明大道。

## 第一篇 志存高远，有所为，无所畏

**第一章 成功是留给真正有胆识的人的** ·············· 002

　　成功的关键是要有成功的胆量 ·············· 002
　　野心是永恒的特效药 ·············· 005
　　有时候，勇气本身就是一种奖赏 ·············· 008
　　大人物没有你想得那么高高在上 ·············· 012
　　有所为，无所畏 ·············· 016
　　不要躲在别人的身后 ·············· 025

**第二章 勇敢抉择，而后努力前行** ·············· 028

　　勇于选择，我们的人生才能不留遗憾 ·············· 028
　　勇敢地抉择，因为机会稍纵即逝 ·············· 031
　　机遇不会自己来敲门 ·············· 034
　　舍弃是一道有着高风险的题目，只有勇者才能完成 ·· 037
　　机会对任何人都是均等的，差异只在于快慢 ·············· 042

## 第三章　真正的勇士，敢于直面失败 …… 046

打造一颗强心脏，重建受挫的自信心 …… 046
不试试，你怎么知道不会成功 …… 049
请再多坚持一分钟 …… 051
不屈不挠，方能开天辟地 …… 055
勇于迎接不幸的来临 …… 059
不要低估了自己的承受力 …… 061

## 第二篇　思维决定出路，格局决定结局

## 第四章　人生如棋，赢在布局 …… 066

从细微处看到大趋势 …… 066
眼前是小买卖，未来是大生意 …… 074
你真的知道自己每天都在忙什么吗 …… 076
下棋的制胜之道，绝不在于几个棋子的得与失 …… 078

## 第五章　所谓大格局，就是懂取舍 …… 082

以退为进，以守为攻 …… 082
只有学会舍弃，才能登上人生的巅峰 …… 085

一个只知道掠夺的人，必然会变得疯狂 ………… 090
取舍的智慧造就了杨澜 ……………………………… 093
适时地舍弃是一种人生大智慧 ……………………… 097
不要为了一枚铁钉而输掉一场战争 ………………… 103

## 第六章　千山万水往长远看 ……………………………… 109

功成身退，明哲保身 ………………………………… 109
最吃亏的成了佛，一点儿不肯吃亏的却一直是众生 … 114
做人要有远见，眼前利益莫计较 …………………… 118
对小事斤斤计较时，大灾难可能已在酝酿 ………… 121
有一种高情商叫不要与人抬扛 ……………………… 124
放任私欲，只会贪小失大 …………………………… 127

# 第三篇　放开眼光，没有胸怀就没有未来

## 第七章　心有多大，舞台就有多大 ……………………… 134

心胸开阔的人的世界才能别有洞天 ………………… 134
敞开心怀，在纷乱的生活中才不致大乱阵脚 ……… 138
做个聪明的糊涂人 …………………………………… 141
身居高位者，往往气量大 …………………………… 145

## 第八章　相逢一笑泯恩仇 …………………… 148

　　背负着仇恨，犹如负重登山 ………………… 148
　　仇恨永远不能化解仇恨，只有爱可以 ……… 152
　　得饶人处且饶人，小错小误应宽厚 ………… 155
　　包容对手，才是双赢 ………………………… 158
　　放下仇恨，就是放过自己 …………………… 162
　　在办公室里，学会化敌为友 ………………… 167

## 第九章　不为宠辱所动，闲看花开花落 …… 172

　　宽容让心灵更丰盈，境界更崇高 …………… 172
　　比天空更广阔的是人的胸怀 ………………… 175
　　傻瓜才会制造敌人 …………………………… 177
　　用包容的心态面对生活，方能荣辱不惊 …… 179
　　宽容地对待爱人的过失 ……………………… 181

▶ 第一篇

志存高远,
有所为,无所畏

# 第一章 成功是留给真正有胆识的人的

## 成功的关键是要有成功的胆量

有人曾对奥运会金牌得主、企业大亨、政界大腕、影视明星等成功人士做过调查研究,并得出结论:成功的关键是要有成功的胆量,敢想是成功的第一步。

心理专家经过研究后指出,成功者与其他人之间有一条十分明显的界线,我们先将其称为成功的边缘。这个边缘不是特殊环境或智商差异的结果,也不是教育优劣或天赋有无的产物,也不靠什么天时地利来成就。跨越边缘的关键就在于敢想敢做的态度。

那些志向远大、敢想敢做的人,所取得的成就一定会远远超

第一篇　志存高远，有所为，无所畏

出起点；一个理想高、目标大的人，虽然不一定能够实现最终的理想和目标，但他实际达到的理想和目标，远比理想低、目标小的人最终达到的目标要大得多。

要想挣大钱、成大事，就要敢想，敢于往深处想，敢于往远处想，敢于往大的方面想，敢于往疯了想。但一定要配合一套完整的、可行的实施计划和一个无怨无悔、百折不挠的信念。不然，真的有可能会被别人误以为是神经病。

敢闯敢干是一种良好的品质，但是绝不能鲁莽。怎么区别敢闯敢干与鲁莽呢？

我们可以从这样一个小故事中加以区别：一个人要去一个山洞里面取一块金砖，倘若那个山洞里面都是野狗，就可以搏一搏；倘若那个山洞里面都是老虎，要是再进去的话，就是鲁莽了；倘若那个山洞里面既没有动物也没有金砖，要是再进去的话，就是乱闯。想要获得高额利润，推动公司平稳发展，总经理一定要区分清楚敢闯敢干与鲁莽乱闯的关系，要分清何为勇敢、何为无知。

无知的冒进就是乱闯，只会使事情变得更糟。无知的行为毫无意义，只能惹人耻笑。

例如挖金子，穷人没有多余的财富，只靠一把锄头就想要四处挖宝,并希望挖个"金娃娃"。绝大多数的情况是挖不到的,穷人还是穷人。即使少数的人挖到了,也不见得就此富起来。富人是不会自己拿锄头的。倘若他想得到"金娃娃",一定会组织专家先进行勘察,找到金矿,然后办妥开发手续,找够保卫人员,再组织有技术的人去挖、去淘、去炼,用科学的方法井然有序地干。而最终若是有收获,那就不是一两个"金娃娃"了,而是稳定的、源源不断的金子,每天从他的机器里提炼出来。

这也能够看出,富人有钱并非偶然,而穷人即便偶然得到了一些钱,也很难保持长久。

商人鲁冠球说:"一个企业的成功是很难找到规律的,许多时候它都与机遇有关。但失败是有规律的,那就是超越了自己的能力。"一个人在自己的能力范围之内吃螃蟹,犹如瓮中捉鳖。这样的人不仅有胆识、有眼光,还很稳妥,那么他又有什么理由不成功呢?

敢闯,并不等于乱闯,这是一个很简单的道理。经商者应以自身的知识与经验作为后盾,凭借着远见卓识和果敢迅猛的冒险精神,当机立断地做出决策并付诸行动。

第一篇 志存高远，有所为，无所畏

## 野心是永恒的特效药

巴拉昂是一位年轻的媒体大亨，以推销装饰肖像画起家，在不到10年的时间里迅速跻身于法国50位富翁之列，1998年因前列腺癌在法国博比尼医院去世。临终前，他留下遗嘱，把他4.6亿法郎的股份捐献给博比尼医院，用于前列腺癌的研究；另有100万法郎作为奖金，奖给揭开贫穷之谜的人。

巴拉昂去世后，法国《科西嘉人报》刊登了他的一份遗嘱。他说："我曾是一个穷人，去世时却是以一个富人的身份走进天堂的。在跨入天堂的门槛之前，我不想把我成为富人的秘诀带走，现在秘诀就锁在法兰西中央银行我的一个私人保险箱内，保险箱的3把钥匙在我的律师和两位代理人手中。谁若能通过回答'穷人最缺少的是什么'而猜中我的秘诀，他将得到我的祝福。当然，那时我已无法从墓穴中伸出双手为他的睿智而欢呼，但是他可以从那个保险箱里荣幸地拿走100万法郎，那就是我给予他的掌声。"

遗嘱刊出之后，《科西嘉人报》收到大量的信件，有的骂巴拉昂疯了，有的说《科西嘉人报》为提升发行量在炒作，但是多数人还是寄来了自己的答案。

绝大部分人认为，穷人最缺少的是金钱。穷人还能缺少什么？当然是钱了，有了钱，就不再是穷人了。还有一部分人认为，穷人最缺少的是机会。一些人之所以穷，就是因为没遇到好时机，股票疯涨前没有买进，股票疯涨后没有抛出，总之，穷人都穷在背时上。另一部分人认为，穷人最缺少的是技能。现在能迅速致富的都是有一技之长的人，一些人之所以是穷人，就是因为学无所长。还有的人认为，穷人最缺少的是帮助和关爱。每个党派在上台前，都给失业者大量的承诺，然而上台后真正爱他们的又有几个？另外还有一些其他的答案，比如穷人最缺少的是漂亮，是皮尔·卡丹外套，是《科西嘉人报》，是总统的职位，是沙托鲁城生产的铜夜壶，等等。总之，五花八门，应有尽有。

巴拉昂逝世周年纪念日，律师和代理人按巴拉昂生前的交代在公证部门的监视下打开了那个保险箱。在48561封来信中，有一位叫蒂勒的小姑娘猜对了巴拉昂的秘诀。蒂勒和巴拉昂都认为穷人最缺少的是野心，即成为富人的野心。在颁奖之日，《科西嘉人报》带着所有人的好奇，问年仅9岁的蒂勒，为什么想到是野心，而不是其他的。蒂勒说："每次我姐姐把她11岁的男朋友带回家时,总是警告我说不要有野心,不要有野心!我想,也许野心可以让人得到自己想要的东西。"

巴拉昂的谜底和蒂勒的问答见报后,引起不小的轰动,这种轰动甚至超出法国,波及英美。后来,一些好莱坞的新贵和其他行业几位年轻的富翁就此话题接受电台的采访时,都毫不掩饰地承认:野心是永恒的特效药,是所有奇迹的萌发点。某些人之所以贫穷,大多是因为他们有一个无可救药的弱点,即缺乏野心。

你是否有改变自己的强烈欲望?你是否有做富人祖先的雄心壮志?我们来看一下美国人约翰·富勒的故事。

富勒家中有7个兄弟姐妹,他从5岁开始工作,9岁时会赶骡子。他有一位了不起的母亲,她经常和儿子谈到自己的梦想:"我们不应该这么穷,不要说贫穷是上帝的旨意。我们很穷,但不能怨天尤人,那是因为你爸爸从未有过改变贫穷的欲望,家中每一个人都胸无大志。"这些话深植在富勒的心里,他一心想跻身于富人之列,开始努力追求财富。12年后,富勒接手了一家被拍卖的公司,并且还陆续收购了7家公司。富勒在多次的受邀演讲中说道:"虽然我不能成为富人的后代,但我可以成为富人的祖先。"

当你有足够强烈的欲望去改变自己命运的时候,所有的困难、挫折、阻挠都会为你让路。你的欲望有多大，就能克服多大的困难，就能战胜多大的阻挠。

## 有时候，勇气本身就是一种奖赏

狼并不是上帝所宠爱的动物，上帝没有赋予它猎豹的速度、狮子的凶悍、犀牛的体魄。与自然界的各种动物相比，狼的确不是强者，甚至狼与人类最忠实的伙伴——狗是近亲，它们之间有很多相似之处。但狗早已丧失了独立生存的能力，如果没有人类的保护与饲养，恐怕狗已经从地球上消失了。

虽然从各种条件来说，狼都算不上强者，甚至与某些动物相比，狼还处于弱者的位置，但狼却从来不以弱者自居，而是以强者自居。也许是这种心态决定了它们的行动，也许是它们的性格决定了它们要具有这样的心态。不管怎样，它们都以强者自居，无论面对什么样的敌人，这种强者心态都不会改变。即使是面对比自己强大的动物甚至人类，它们也丝毫不示弱。它们绝不会不战自败、不战而退，而是勇敢地战斗到底。

温斯顿·丘吉尔说："一个人绝不可在遇到危险时，背过身

第一篇　志存高远，有所为，无所畏

去试图逃避。若这样做，只会使危险加倍。但是如果立刻面对它，毫不退缩，危险便会减半。绝不要逃避任何事物，绝不！"当生活遭遇困境时，我们不必寻找借口和理由来逃避，只需拥有一点点勇气，我们的世界就会变得不一样。对此，哈佛心理学教授乔治·桑比那曾说："勇敢的精神，是一个人最不可缺失的元素。因为人类每一个微小的进步，都需要勇气作为先导。"

另一位心理学家斯科特·派克也说："在这个世界上，只要你真实地付出，就会发现许多门都是虚掩的！微小的勇气，能够完成无限的成就。"斯科特还说："如果你幸运，与生俱来就有勇气这种品性，那么很值得恭贺；如果你还没有养成这种性格，那么尽快培养吧，人的生命很需要它！"

罗马曾是欧洲最强大的城邦。罗马人征服了地中海北岸的所有国家和南岸的大部分国家，他们同时还占有海中的岛屿和现在属于土耳其的小亚细亚部分。

那时恺撒已成为罗马的英雄。他率领大军进入高卢，即现在包括法国、比利时和瑞士的欧洲地区，把高卢变成罗马的一个省。他穿过莱茵河，征服了德国的一部分。恺撒的军队甚至还到达了被罗马人视为荒芜之地的不列颠，并在那里建立起殖民地。

恺撒和他的军队一直对罗马尽忠尽责。但在罗马他有许多敌人，他们害怕他的雄心壮志，忌妒他的丰功伟绩。每当他们听到有人称赞恺撒为英雄，便会气得浑身发抖。

这些人中就包括庞培，他是罗马最富权势的人之一。和恺撒一样，他也是一个军队的指挥官，但他的军队并没有赢得人们太多的赞誉。庞培知道，如果不采取行动加以制止，恺撒迟早会成为罗马的主人。于是他开始谋划陷害恺撒的计划。再过一年，恺撒在高卢的任期就要结束。大家都认为，届时他将返回意大利并被选为罗马共和国的执政官，那他就会成为罗马最有权力的人。

庞培和恺撒的其他敌人决定阻止这件事。他们说服罗马的元老院发出命令，让恺撒离开高卢的军队立即返回罗马。"如果你不服从这个命令，"元老院称，"你将被视为共和国的敌人。"

恺撒知道那是什么意思。如果他单独返回罗马，敌人就会陷害他。他们会以叛国的罪名审判他，不让他当选执政官。

他把效忠于自己的军队的士兵们召集起来，把有人试图谋害他的事情告诉了他们。那些跟随他经历无数风险、帮助他取得无数胜利的老兵都宣称不会离开他。他们要同他一起前往罗马，看着他得到应得的奖赏。他们不要军饷，甚至还分担起长途行军的费用。

恺撒的军队扬起军旗向意大利进发。士兵们甚至比恺撒更加斗志昂扬。他们为了自己的领袖长途跋涉,不畏艰险。

最后,他们来到一条叫卢比孔的小河边。它是高卢省的边界,对岸就是意大利。恺撒在岸边停了一下。

他知道越过这条河就等于向庞培和元老院宣战,那将使整个罗马陷入纷争,其结果是无法预料的。

"我们还能够回去,"他对自己说道,"我们身后是安全的。一旦越过卢比孔河,我们就不能再回去了。我必须在这里做出决定。"

他没有迟疑太久。最后他发出命令,勇敢地纵马穿过这条浅浅的小河。

"我们越过了卢比孔河!"当他到达对岸时大声喊道,"就不会再回头!"

这消息一直传到了罗马:恺撒越过了卢比孔河。一路上,每个城镇和村庄的人们都出来欢迎归来的英雄。离罗马越近,他受到的欢迎就越热烈。最终恺撒和他的军队到达了罗马城。没有军队出来迎战,恺撒没有遇到丝毫抵抗就进了罗马城。庞培和他的同伙早已逃走了。

勇气造就了恺撒,也造就了罗马的辉煌。勇气,也必将造就未来的你!无论将来是风雨还是彩虹,只要我们心中保持一股纯正的勇气，生命就一定不会因困难而气馁，或陷入绝望之中。

爱因斯坦说："勇气是上天的羽翼，怯懦却引人下地狱。"愿我们心中永远动荡着腾飞的勇气，绝不选择生命重心的堕落！

有时候，勇气本身就是一种奖赏！

一旦我们充满勇气去做事，离成功就不会太遥远了。

## 大人物没有你想得那么高高在上

背靠大树好乘凉，结交大人物要大胆，要具有"撑死胆大的，饿死胆小的"的心理。许多人不敢和大人物接触，总觉得自己身份卑微。其实不然，交际场上是需要胆量的，只要你敢于交往，大人物自会欣赏你的自信，并乐于帮助你。

有个青年从小家境贫寒，高中时被迫辍学进了市区一家西餐厅做服务生。服务生的薪酬并不是很高，所以他一直在寻找发展机会。一天，青年打扫卫生时捡到一个手包，手包里有大量的现金和证件。通过名片，青年得知手包的主人是当地一家大企业的老总。于是他按照名片上的电话打了过去，说："我捡到了您的手包，里面有现金，还有一些证件和单据，我想这些对您很重

第一篇 志存高远，有所为，无所畏

要，所以给您打了电话……"手包的主人十分高兴，特意请青年将手包送到他的办公室，并表示会给他相应的酬谢。青年送去了，他没接受老板的酬谢。老板要请他吃饭，他也拒绝了。最后，老板说："这样吧！年轻人，你看看需要什么，有什么地方能帮忙的，我一定帮你。说实话这个手包对我非常重要，你的拾金不昧让我少损失了一大笔钱。"青年想了想说："那您能给我一份工作吗？您也知道，我是做服务行业的，但我自信我能做业务洽谈，我有和陌生人沟通的能力。虽然我的学历不高，但我一直都在坚持学习。"老板想了想就答应了他。这样，青年就成了广告公司的一个普通业务员，由于他勤恳、好学，马上就在自己的岗位上显示出了卓越的能力。

不要认为大人物都高高在上，可望而不可即，要知道，大人物也是人，只是比我们普通人多了人际关系，多了成就和事业而已。真正的大人物是平易近人的，只要你勇敢、积极地与大人物接触，不仅能锻炼你的胆识，还能为你提供更好的机遇。

肖耶拿大学毕业后，如愿考入当地的《明星报》当记者。这天，上司交给他一个任务：采访大法官布兰代斯。第一次接到重要任务，肖耶拿不是欣喜若狂，而是愁眉苦脸。他想：《明星报》不是当地的一流大报，自己也只是一名刚刚出道的小记者，大法官布兰代斯怎么会接受自己的采访呢？为此他犹豫了很久，总感觉要采访大法官不但会遭到拒绝，还可能遭到嘲笑。他甚至能够想象出大法官那不屑的神情。同事乔尔太知道了肖耶拿的苦恼，拍拍他的肩膀说："我很理解你。让我来打个比方——你现在就好比躲在阴暗的房子里，正在想象外面的阳光有多么炽烈。其实，最简单有效的办法是往外跨一步。"乔尔太说着拿起肖耶拿桌上的电话，直接拨打到布兰代斯办公室，很快就与大法官的秘书通话了。乔尔太直截了当地道出了他的要求："我是《明星报》新闻部记者肖耶拿，我奉命访问法官，不知他今天能否见我。"旁边的肖耶拿吓了一跳。乔尔太一边打电话，一边向肖耶拿扮鬼脸。接着肖耶拿听到了乔尔太说道："谢谢你。明天1点15分，我准时到。""瞧，直接向人说出你的想法，不就管用了吗？"乔尔太向肖耶拿扬扬话筒，说，"明天1点15分，你的约会定好了。"肖耶拿定了定神，若有所悟。

几年后，肖耶拿已经成了《明星报》的著名记者，他勇敢果断，经常采访重要人物。当年那件事仍让他感触颇深："从那时起，我学会了单刀直入的办法，就是大人物也不必害怕，虽然做来不易，但很有用。而且，第一次克服了心中的畏怯，下一次就容易多了。"

第一篇　志存高远，有所为，无所畏

　　魏泽明从北大毕业后，进入一家企业做财务，尽管收入很高、福利不错，但是魏泽明还是很少有成就感。他不喜欢枯燥而单调的财务工作，真正的兴趣在于做投资，他的目标是做一名出色的基金经理人。在一次去香港旅游的途中，魏泽明在飞机上看到邻座的一个中年人手里拿着一本投资方面的杂志，便与这个人寒暄起来，聊了很多关于投资方面的话题。因为对方说的每句话都很有见解，魏泽明感觉遇到了事业上的知音，便将自己的投资观点及想做基金经理的想法都在闲聊中告诉了对方。时间过得飞快，飞机很快就到达了目的地，临分开时，这个人递给魏泽明一张名片，欢迎魏泽明随时给他打电话。

　　魏泽明看了一眼那张名片，大吃一惊：原来飞机上那位衣着普普通通的中年人，竟然是一位著名的基金管理人。魏泽明马上给那人打电话，由于飞机上留下的良好印象，那位基金管理人同意了魏泽明的入行请求。于是，魏泽明毫不犹豫地辞掉了原来的财务工作，马上飞往香港。一年之后，魏泽明成为基金投资界一颗冉冉升起的新星。

　　魏泽明的例子说明，贵人很可能就是一个你无意中结识的陌生人。偶然因素对于每个人的人生影响都是巨大而微妙的。机遇隐藏在你的周围，重视与陌生人的交流会对你大有益处，因为每一个陌生人都有可能是你的贵人或伯乐。假如故事中的魏泽明不是一个乐于交际的人，不愿甚至不屑与陌生人谈论专业的话题，顶多只是聊聊天或者干脆在飞机上睡大觉，那么他就不可能将这种微妙的交际转化为机遇了。

很多人在做事情的时候都会把那些位高权重的人想象得高不可攀，不敢和他们接触，害怕被拒绝，更害怕被嘲笑。要知道很多时候，大人物并不是高不可攀，不自信和退却心理才是阻挡自己做大事的最大障碍。和大人物接触，你需要的仅仅是一副好胆量。只要态度端正，语言实事求是，不张扬、不炫耀，就会有好结果。只要你敢于出去和那些大人物站在一起，他们就能成为你乘凉的大树。有了大树，你的人际关系就更广了，办事也就更简单了。

## 有所为，无所畏

狼群特别喜欢生活在森林地区，但也会被发现于沙漠、平原和冻原地带。

狼很聪明，它们通过气味、面部及身体语言和发声来彼此交流。吼叫可以帮助它们彼此追踪、建立地盘、组成狼群和防御外来攻击。除了灵敏的听觉外，狼还具有敏锐的嗅觉，并能察觉到远在两公里之外的猎物。狼在受到其他动物的攻击时，是不会害怕、胆怯的，它们知道一匹真正的狼是不会逃跑的，只会战斗。只有战斗才有生的希望，而逃跑必会走向死亡。这是狼族的准则。

只有为战斗而生的狼，没有为惧怕战斗而生的狼，它们的生活就是战斗，即使是死也要死在战场上。这就是狼能够一直生存的法则——无畏。

孟子认为，仁义礼智的道德是人心所固有的，是人的"良知、良能"，是人区别于禽兽的本质特征。他说："仁义礼智根于心""仁义礼智，非由外铄我也，我固有之也"，其理由是人人都有"善端"，即恻隐之心、羞恶之心、辞让之心、是非之心，称为"四端"。有的人能够扩充它，加强道德修养；有的人却自暴自弃，为环境所陷溺，这就造成了人品高低的不同。因此，孟子十分重视道德修养的自觉性。孟子认为：无论环境多么恶劣，都要奋发向上，把恶劣的环境当作磨炼自己的手段。应该做到"富贵不能淫，贫贱不能移，威武不能屈"，成为一个真正的大丈夫。如果遇到严峻的考验，就应该"舍生而取义"，宁可牺牲生命也不可放弃生存原则。这样我们就可以培养出一种坚定的无所畏惧的心理状态,也就是所谓的"浩然之气"。这种气"至大至刚",能够主动扩张,充塞于天地之间。

春秋时,齐国大夫崔杼杀死了齐庄公,太史毫不隐讳,据实在简策上直书"崔杼弑其君"。崔杼恼羞成怒,便把太史杀掉了。太史的弟弟仍接着这样写,又被杀掉。太史的另一个弟弟坚持不改,崔杼无可奈何,只好任其所为。另一位史官南史氏听说太史兄弟相继被杀,毫不畏惧,操起竹简赶往朝廷,要继续如实记载这件事情。路上听说崔杼弑君之事已被如实记载,他才返回家中。

说到不畏强权、敢于直言的人,魏徵就是一个代表。玄武门之变后,有人向秦王李世民告发,东宫有个官员,名叫魏徵,参加过李密和窦建德的起义军,李密和窦建德失败之后,魏徵到了长安,在太子建成手下做过事,还曾经劝说建成杀掉秦王。

秦王听了,立刻派人把魏徵找来。

魏徵到了之后,秦王板起脸问他:"你为什么在我们兄弟中挑拨离间?"

左右的大臣听秦王这样发问,以为要算魏徵的老账,都替魏徵捏了一把汗。但是魏徵却神态自若,不慌不忙地回答说:

第一篇　志存高远，有所为，无所畏

"可惜那时候太子没听我的话。要不然也不会发生这样的事了。"

秦王听了，觉得魏徵说话直爽，很有胆识，不但没责怪魏徵，反而和颜悦色地说："这已经是过去的事，就不用再提了。"

李世民即位以后，把魏徵提拔为谏议大夫，还选用了一批建成、元吉手下的人做官。原来秦王府的官员都不服气，背后嘀咕说："我们跟着皇上多少年了，现在皇上封官拜爵，反而让东宫、齐王府的人先沾了光，这算什么规矩？"

宰相房玄龄把这番话告诉了唐太宗。唐太宗笑着说："朝廷设置官员，为的是治理国家，应该选拔贤才，怎么能拿关系来作为选人的标准呢？如果新来的人有才能，老的没有才能，就不能排斥新的，任用老的啊！"

魏徵对朝廷大事想得都很周到，有什么意见就在唐太宗面前直说。唐太宗也特别信任他，常常把他召进内宫，听取他的意见。

由于魏徵敢于直言，使得他名垂青史，为后人所称赞。

无畏，史实才得以真实，我们才能以史为鉴。而包公的大无畏精神更是可歌可泣。

大奸必摧，反贪官、除恶霸，是包拯一生中最为突出、最为后人所称道的业绩。历史上留下了许多有名的包公戏。戏里面不仅塑造了清官包拯,还塑造了张龙、赵虎、王朝、马汉、公孙先生、南侠展昭等形象。这一帮人团结一心、神通广大,铡贵戚、铡国舅、铡一切贪官污吏,包公手握尚方宝剑,甚至连皇帝的圣旨也可以反抗。什么狗头铡、虎头铡、龙头铡,什么阴阳镜,连阎王老子也要退让三分,什么妖魔鬼怪都不在话下。这些带有神话色彩的情节,是人民创造的,使人们看了心情舒畅、扬眉吐气,贪官污吏看了胆战心惊。这些神话情节并不完全是事实,是被夸大了的艺术形象,真实的包拯既无这么大的权力,也无这么大的神通。但是,这一切并不是凭空捏造的,也不是毫无根据的,应该说,这一切艺术创造都是有历史事实做根据的。在包拯30多年任职期间,在他的弹劾之下被降职、罢官、法办的重要大臣不下30人。这个数字是惊人的,是亘古少见的!为了一个人、一个案件,包拯往往奏上3本、5本、7本,甚至连奏多本,像连珠炮一样,火力十分集中,大有不达目的誓不罢休的气概。这些被弹劾者,都是有权、有势、有后台的人,是"活老虎"。其中有些人比包拯的官职还要高,权能通天,雄踞一人之下万人之上。包公敢于据理力争,不畏权势,这种大无畏的精神,在许多人的心目中是出类拔萃、望尘莫及的。

## 第一篇 志存高远，有所为，无所畏

古有大奸必摧的包公，今亦有爱国敢于讲真言的陈嘉庚。1957年"反右派斗争"时，陈嘉庚参加全国人大第四次大会，为主席团成员。那次会议发言者达百人次，内容全是"反击右派"。陈嘉庚在7月2日的大会上发言，他首先肯定"整风运动"和"大鸣大放"说："百家争鸣，人民可以尽量发言……"他接着讲了16条意见，洋洋五千言，半句不讲"反右派斗争"，而是尖锐地批评党员干部的官僚主义、主观主义、骄傲自满、懈怠傲慢等弊端。陈嘉庚回到福建后，仍在福建人代大会上发言，洋洋万言刊于《福建日报》，所谈的仍是他对党员干部的16条意见，尖锐批判官僚主义、主观主义。有人劝陈嘉庚不要再说了，但是陈嘉庚说："我这一生实事求是，不平则鸣。做人要诚实，政治更应诚实，绝不能指鹿为马讲假话。"话虽短，态度却非常坚定。

无畏使陈嘉庚有勇气和力量讲真话，也说明他是一个真正的爱国者。唯其诚实，才见他是真正的爱国者。政治上的诚实与他内心真诚的爱国赤忱相辅相成。

香港首席富豪李嘉诚先生，由于其财富雄踞世界华人之首，更由于其为祖国建设的慷慨解囊，他的名字早已为大家所熟悉。

李嘉诚出生在广东省潮安县（今潮州市）的一个书香世家。

他的父亲李云经是个小学校长，家境清贫。李嘉诚自幼聪颖好学，不满5岁就开始上学。第二次世界大战爆发之后，日寇的铁蹄侵入中国的大地，践踏了他的家乡，父亲携全家逃难到了香港。1940年冬，忧国忧民、心力交瘁的李云经不幸染上肺病，因为无力承担昂贵的医药费，年仅45岁便离开人世了。少年李嘉诚无限凄楚地淋着他人生的第一场苦雨，他开始忘却自己的年龄，思索替代了悲戚——穷，多么痛苦、耻辱的字眼！不仅仅是字眼，简直就是法律，是世界上最残酷、最现实、最苛刻的法律。因为穷，就会丧失主权；因为穷，就会丧失尊严；因为穷，就会丧失生命。穷，就意味着失败，意味着消亡。

"不！我不要穷！"李嘉诚从心底发出一声呐喊。身为长子，他毅然担负起照顾母亲、抚养弟妹的家庭重担。从此，他离开学校，走上了漫长人生路。这位如同不畏虎的初生之犊般的英俊少年，由此无所畏惧地投身到大海般无可预期和险恶的香港商界中，时年仅仅14岁。

李嘉诚获得的第一份工作，是在一家玩具制造工厂里当最底层的推销员。每天奔波16个小时。由于他勤劳刻苦、严于律己、机敏能干，很快就得到了老板的赏识。在李嘉诚20岁时，便被提升为该厂的经理。李嘉诚并未因此而满足，仍日间做工，夜间上夜校苦读。同时，他生活克勤克俭。经过 8 年的努力，他终于积攒了一笔钱，1950 年以 5 万港元的资金创办了长江塑胶厂，专门生产玩具以及家庭用品，之后又改名为长江实业公司。

创业的头几年，李嘉诚熬过了无数辛劳的日日夜夜。他身兼数职，管理厂务、督导生产、对外联络、跑推销，每天都要工作十七八个小时。

饱尝了艰难困苦之后，李嘉诚开始崛起了！在他辉煌的创业史上，特别引人注目的有以下几个篇章：

20 世纪 50 年代中后期，香港经济腾飞之时，李嘉诚先人一步跨入塑胶花界，在塑胶花热中，他威风凛凛地在国际市场上独占"花魁"；50 年代末期，李嘉诚又不声不响地步入地产界；60 年代开始崛起于地产高潮中；70 年代末期，雄跨地产界，一跃成为"地产新主"、亿万富翁。这就是李嘉诚以其独有的准确奇妙的预测能力和机敏果断的应变能力谱写的一曲"长江之歌"！

在李嘉诚的个人档案中，有几件事应当载入史册：美国《福布斯》杂志评出的世界十大华人亿万巨富中，李嘉诚雄居榜首；1980 年，李嘉诚曾被香港电台、美国万国宝通银行联合评选为该年度风云人物；1990 年，他又获该年度《南华早报》商业成就奖。

作为商界巨子,李嘉诚有这样一种预感:"由今天起到跨越21世纪,我们可以展望到的是亚洲人的时代,亦是中国人的时代。"

李嘉诚以其无畏的精神,勇敢挑战生活,终于取得了事业的成功。

人生就是一场无休无止的搏斗,为了理想,既要抗拒世俗的压力,又要克服自然的困难。一踏上人生征程,苦难、挫折、不幸就要纷至沓来,生活重压下的苦闷、彷徨、挣扎、绝望就要时隐时现。让我们从无畏的精神中得到有力的充实、意志的强化;让我们傍着英雄的肩膀,坚定、勇敢、自信地冲破一切世俗的、传统的羁绊,去开创一个崭新的未来。

## 不要躲在别人的身后

若是一个人总感觉自己不如别人,那么即使他本身很有能力,他的表现也往往不如别人,这是因为思想主宰行动。一个人心里的想法会通过行为反映出来,没有任何伪装能够把这些行为长期遮盖起来。

也就是说,一个人如果觉得自己没有独立做事的能力,不可能超越其他人,那么他就真的不会独立,只能跟在别人的身后。

有这样一位才女,她不仅琴棋书画样样精通,就连口才与文采也无人能及。大学毕业后,在学校的极力推荐下,才女去了一家小有名气的杂志社工作。然而,让人感到吃惊的是,不到半年时间,这样一位让学校引以为豪的人物就被杂志社炒了鱿鱼。

原来,在这个人才济济的杂志社内,每周都要召开一次例会,讨论下一期杂志的选题与内容。然而才女每次都是一言不发地坐在那里,而其他人总是争先恐后地表达自己的想法和观点。她原本有很多好的想法和创意,但是她总有顾虑,一是怕自己刚刚到这里便"妄开言论",会被人认为太张扬;二是怕自己的思路迎合不了主编的想法，会让人笑话。就这样，在沉默中她度过了一次又一次的讨论会。有一天，她突然发现，同事们都在力陈自己的观点，似乎已经把她遗忘了，于是她开始考虑扭转这种局面。但是，一切都晚了，已经没有人愿意听她的声音了，在大家的心里，她已经成了一个没有实力的花瓶。最后，她终于因自己的过分沉默而失去了这份工作。

这个故事告诉我们：你如何思维便会决定你如何行动，你如何行动也将决定你取得什么样的成就。

这个逻辑正是我们不厌其烦地强调思维与勇气的重要性的原因。"没有做不到的，只有想不到的"，敢想、会想，你才有可能成功。

倘若在这之前胆怯的心理阻碍了你超越他人，那么现在的你只需要改变一下自身的思考方式，大胆地放飞自己的梦想，做你想要做的事。

在这个世界上，人人都有梦想，人人都想有朝一日能够成为大人物。但事实上，大多数人都因为没有勇气而违背了它，他们常用下面的理由扼杀自己的愿望：

（1）"我办不到""我不够聪明""我肯定会失败的"等，这种消极的自我安慰让他们永远地站在了别人的身后。

（2）"我现在的状况很有保障。"这种安于现状的想法扼杀了他们真正的愿望。

（3）"能干的人太多，根本轮不到我。"害怕竞争让他们不敢有过多的想法。

（4）"这不是我真正想要的，而是父母让我做这个，我不得不做""有了家，没法再变动了"，以上的托词让他们相信自己不该再有梦想。

一个人要是想跟在别人的身后，可以有千万种理由，但若是我们一直没有勇气创造未来，不去做自己想要做的事情，那么我们只会沦为一个平庸的人。而敢想就会有欲望，欲望一旦利用起来就是力量。

## 第二章 勇敢抉择，而后努力前行

### 勇于选择，我们的人生才能不留遗憾

我们每个人都会有离开这个世界的一天，从我们出生的那天起，我们的生命就进入了倒计时，这种结局是不能改变的。因此，想要使我们的人生没有遗憾，就要珍惜这短暂的时间，多做尝试，多做有意义的事。

王老师是一名语文老师，也是初三（1）班的班主任。他已经60多岁了，教了一辈子书，这学期之后就要退休了。这是他最后一次带毕业班，他希望这一届的学生能给自己的教学生涯画上一个圆满的句号。可是，近期他总觉得自己有些力不从心，胸腔里一直胀得厉害，这让他感觉很不好。他强忍着越来越厉害的

疼痛，坚持上课。直到毕业前两个月的一天，他在上晚自习辅导课时，终于坚持不住倒在了课堂上。

当王老师再次醒来时，他已经躺在了病床上，从同事和家人的悲伤情绪中，他深知自己一定得了重病，这让他感觉很痛苦。这一届学生是自己从初一带上来的，基础很扎实，可是却一直没有学生拿过顶尖的名次，这让他有些许遗憾，但是他相信，他们会很争气的。后来，医生来了，医生告诉他，他只有一个月的时间了。虽然已经有了心理准备，可是当王老师听到医生宣判时间时，仍然觉得很难受，甚至有些不甘心。

"为何不能再通融我两个月呢？再有两个月，我就没有什么遗憾了。"他一遍遍地问自己。突然间，他仿佛有所感悟般对自己说道："医生不是说我还能活一个月吗？那么，我还可以利用这一个月做一些有针对性的事情。"

于是，他跟护士要来了纸和笔，并在纸上列了20个学生的名字，然后交给同事，要求每天按顺序来一个学生。这20个学生都是他认为很有潜质但又有明显弱点的，属于只要一撒手就会变成脱缰野马，稍加严管就是可塑之材的那一类。因为他很了解这些学生的特点，所以必须由他逐一进行点拨。一旦换了老师，他怕其他老师不清楚情况，导致这些学生因放纵而最终毁了自己。

　　学生们按照王老师的要求每天依次来到医院，名单上的同学来的人数一天天在增加，王老师的时间却一天天在减少。20天过去了，20个学生都来过了，王老师感到从未有过的满足。他对家人说："我没有什么遗憾了。"

　　突然，他又想起了医生的话："我有一个月的时间呢，虽然已经过了20天了，但是还有10天呢，我为什么不利用这10天的时间写下一生的从教经验和体会呢？这不是一件很有意义的事情吗？"

　　然而，这时他已经拿不起笔了。于是他让老伴帮忙记录，自己口述，每天都坚持说3个小时。医生见到王老师这样，说道："大爷，您这样太劳累了，应该多休息。"他却说："我休息做什么呢？一天天等待死亡的来临吗？还不如做些有意义的事情呢！"最后一天早上，他把一篇3万多字的教学心得交到了校长的手里。

　　"我的生命即将结束，但我没有任何遗憾。"王老师消瘦的脸上溢满了幸福和满足，好像他不是面对死亡，而是去赴一个美丽的约会。

## 勇敢地抉择,因为机会稍纵即逝

  人的一生非常短暂,我们应当积极主动地去抓住一切机会使我们的生活过得更加有价值、更加有意义。因此,在必要的时候,我们要勇敢地站出来迎接生活的挑战,而不是一直胆怯地躲在勇敢者的背后。人生如流水,或一泻千里,或缓缓流动,或如漩涡般不停地空转,或停滞不前。然而,面对停滞不前的状态,我们要勇于挣脱出来,积极地去面对人生的各种挑战。我们每个人都会有自己的目标,只要我们敢想,就一定能实现这个目标,关键是我们有没有勇气将想法付诸实践,将幻想化为行动。让我们为了我们的目标行动起来吧!不要害怕失败,失败了我们还能重新选择,只要有勇气,成功就会属于我们。

  马罗·路易斯一生中的两次赌注造就了他的辉煌成就:第一次是 20 岁的时候,第二次是 30 岁的时候。马罗出生于一个音乐及戏剧世家,由于从小耳濡目染,他对各种乐器也能演奏一番。7 岁不到他就指挥过管弦乐队,10 岁发行报纸,12 岁雇了 16 名少年来做买卖鸡蛋的生意,14 岁组建了自己的乐队。高中毕业后，他来到芝加哥新闻局做了一名记者，并与著名记者赫格特及查尔斯·麦克阿瑟等做了同事。19岁时，他获得了与音乐有关的奖学金，但因为迁居而无法继续深造。

来到纽约后，马罗在一家广告公司任职，周薪4美元。马罗回忆说："那时我整天四处奔走，忙个不停。下午6点下了班后，就赶去哥伦比亚大学上夜校，学习广告学。有时工作没有做完，下了课还得赶回公司，从晚上11点一直忙到凌晨2点。"

马罗喜欢做一些很有创意的工作，自己也满足于此。20岁时，马罗毅然放弃了在广告公司的大好前途，决心自己创造一份事业。他不愿意再过拿薪水的生活，而希望能够充分地利用时间，去实现自己的理想。这是他一生中第一次下注，后来果然获得了意外的成功。

当时，百货业的经营状况普遍不佳，只能依靠公共关系和广告来促销。马罗的想法是：说动百货业，共同协办哥伦比亚广播公司的纽约菲尔交响乐节目。另外，这个交响乐节目在全国的听众达百万以上，因此需要一个优秀的主持人主持才行。但是他面临一个难题：需要人手去说服那些百货公司。目前并没有这种人才，何况这需要花费数百万美元，根本是不可能的。但是马罗却干劲十足，他到处去说服百货公司签约，最后当他向哥伦比亚广播公司提出自己的计划时,哥伦比亚广播公司感到十分有兴趣,竟一拍即合。两个多月后,马罗和哥伦比亚广播公司的广告主任共同设法处理广告问题。这期间,马罗并未支取薪水。就在大家以为即将大功告成之际,却由于订约的公司不足,最终导致功败垂成。为了实现理想而抛弃安定的工作,最后却失败了,虽然很不划算,但从长远眼光来看,事实却不尽然。哥伦比亚广播公司对马罗的创意十分赞赏,于是给他安排了一份工作——去纽约新成立的业务部任职,并给出高出他以前工资三倍的薪水,真是"失之东隅,收之桑榆"。20岁的马罗得以在哥伦比亚广播公司一展才华。这是一个虽然失败却制造出机会的例子。

因此,当机会来临时,一定要好好把握,积极接受挑战。例如,公司交给你一个任务,且十分困难,虽然会因此增加工作量,导致个人时间被剥夺,但还是应该把握这个机会。再比如,公司有意将你调到很远的分公司去工作,并赋予重任,你也应该欣然接受,因为这并不一定是坏处,有可能会给你带来意想不到的结果。成功的人通常会主动寻找机会,然后把握机会,因为不冒险就不会成功。因此,20来岁是我们最好的年华,我们要趁着年轻勇敢地去冒险,断不可一味地寻求生活安稳。

去尝试吧,只要尝试,就有机会!面对人生的挑战,你一定要学会选择,并做出正确的决定。

## 机遇不会自己来敲门

如果我们细心就会发现,有一些人很聪明、很有能力,也很勤奋,却总是碌碌无为,始终没有干成大事业。这主要是因为他们没有及时地抓住机遇,只在心里想而不敢将计划付诸实施,结果让机遇溜走了。

有这样一个人,一天晚上,他碰见了一个神仙,这个神仙对他说:"你的身上即将发生一件大事,而且你会有机会得到很多财富和显赫的社会地位,还会娶一个美丽的妻子。"

这个人终其一生都在等待这个奇异的承诺实现,可是什么事也没发生。这个人穷困地度过了他的一生,最后孤独地老死了。死后他又看见了那个神仙,他对神仙说:"你说过会给我财富、显赫的社会地位和漂亮的妻子,可是我等了一辈子,却什么也没有等到。"

神仙答道:"我可没有说过这些话。我只承诺要给你机会,使你得到财富、显赫的社会地位和漂亮的妻子,可是你却让这些从你的身边溜走了。"

这个人迷惑了，他说："我不明白你的意思。"

神仙答道："你记不记得你曾经有一次想到一个好点子，可是你却没有行动，因为你怕失败而不敢去尝试？"这个人点了点头。

神仙继续说道："正是因为你没有行动，所以这个点子几年以后被另外一个人想到了，那个人丝毫没有犹豫地付诸行动了。你或许也知道这个人，他就是全国首富。

"还有，你应该还记得，有一次发生了大地震，城里大半的房子都毁了，好几千人被困在倒塌的房子里，当时你有机会去拯救那些存活的人，可是你却以担心小偷会趁机窃取你的东西为借口，一直守着自己的房子，而故意无视那些需要你帮助的人。"这个人不好意思地点了点头。

神仙说："那是你去拯救许多人的好机会，而那个机会可以使你在城里得到多大的尊崇和荣耀啊！

"还有，你记不记得有一个满头乌发的漂亮女子，你曾经深深地被她所吸引，你从未如此喜欢过一个女人，之后也没有再碰到像她这么好的女人。可是你觉得，她不可能喜欢你，更不可能与你结婚，于是你害怕被她拒绝，便放她从你身边离开了。"

这个人又点了点头，只是这次他流下了眼泪。

神仙说:"我的朋友啊,她本该是你的妻子,你们还会有好几个漂亮的孩子,而且与她在一起,你的人生将会有许许多多的快乐。"

在成功之路上,作为奔跑者,倘若你不能在机遇来临之前识别它,在它消逝之前果断采取行动占有它,那么它就会转瞬即逝,或者日久生变,这样必定会导致幸运之神远离你。机遇犹如一个天使,它神奇且充满灵性,但也性格孤僻。它从不偏袒任何人,但也绝不会无缘无故地降临。坐等成功的到来,只能眼睁睁地看着机遇与你擦肩而过。

在通往成功的道路上,机遇时常徘徊在你的门前。不要等待机遇主动开门走进你家,因为门闩在你自己这一面。机遇也不会主动来到你的面前对你说"你好",它只是来告诉你"站起来,向前走"。知难而退,优柔寡断,缺乏一往无前的勇气,这便是阻碍一个人走向成功的最大障碍。

要善于发现机遇,更要善于把握机遇。人生的妙处在于,没有任何机遇能够让你看见未来的成败。不通过拼搏就能得到的成功,犹如一开始就知道谜底的谜团一样让人感到索然无味。选择一个机遇,也会有失败的可能。将机遇和自己的能力对比,合适的紧紧抓住,不合适的学会放弃。

那些没有成功立业的人并非没有遇到机遇，而是他们不懂得把握机遇，以致最终错失机遇。他们面对机遇，总是患得患失、摇摆不定，不敢下行动的决心；他们做人好像永远不能自主，一定要他人在一旁扶持，哪怕是遇到芝麻绿豆般的小事，也要东奔西走地去和亲友、邻居商量；他们总爱胡思乱想，弄得自己一刻不宁。越商量越拿不定主意，越东猜西想越是糊涂，结果就越弄得毫无结果。一个人若是没有判断力，往往无法开展一项工作，即使开展了，这项工作也无法继续进行。他们的一生大半都消耗在没有主见的怀疑之中，即使给这种人成功的机遇，他们也永远无法获得成功。机遇稍纵即逝，更不会主动来寻找你。只要你认准了路，确立好人生的目标，永不回头，"该出手时就出手"，向着目标心无旁骛地前进，相信你一定会到达成功的彼岸。

## 舍弃是一道有着高风险的题目，只有勇者才能完成

杨振宁的父亲是数学教授，但他喜爱物理，并且想成为一个实验物理学家。1945年杨振宁赴美国留学时，就立志要写一篇实验物理论文。1946年，杨振宁进入芝加哥大学费米主持的研究生

班，希望能在费米的指导下写一篇实验论文。当时，费米正在阿贡国家实验室从事军事技术研究，像杨振宁这样初到美国的中国人不能随便进入阿贡国家实验室，于是费米建议杨振宁先跟泰勒做些理论研究，实验可以到艾里逊的实验室去做。

艾里逊是芝加哥大学物理系的一名教授，当时正准备建造一台40万电子伏特的加速器，这在当时是最先进的。在费米的推荐下，杨振宁成为了艾里逊的6名研究生之一。然而，在实验室工作的近20个月中，杨振宁的物理实验进行得非常不顺利，做实验时常常发生爆炸，以至于当时实验室里流传着这样一句话："哪里有爆炸，哪里就有杨振宁。"此时，杨振宁不得不痛苦地承认：自己的动手能力比别人差！

一天，一直在关注着杨振宁、被誉为美国氢弹之父的泰勒博士关切地问杨振宁："你做的实验是不是不大成功？""是的。"面对令人尊敬的前辈，杨振宁诚恳地说。

"我认为你不必坚持一定要写一篇实验论文，你已经写了一篇理论论文，我建议你把它充实一下作为博士论文，我可以做你的导师。"泰勒直率地对杨振宁说。

杨振宁听了泰勒的话，心情十分复杂。一方面，他从心底深处感到自己做实验确实力不从心；另一方面，他又不甘于认输，非常希望通过写一篇实验论文来弥补自己实验能力的不足。他十分感谢泰勒的关怀,但要他下决心打消自己的念头,这实在不是一件容易的事。

"我想考虑一下,两天后再告诉您。"杨振宁恳切地说。

杨振宁认真思考了两天,他想起在厦门上小学时的一件事。有一次上手工课,杨振宁兴致勃勃地捏制了一只鸡,拿回家给爸爸妈妈看,爸妈看了笑着说:"很好,很好,是一段藕吧!"往事一件接着一件地在他脑海浮现,他不得不承认,自己的动手能力实在不强。

最终,杨振宁接受了泰勒的建议,舍弃写实验论文的打算。从此,他如释重负,毅然把主攻方向转入理论物理研究,最终于1957年与李政道联手摘取了该年的诺贝尔物理学奖,成为迄今唯一持中国护照问鼎诺贝尔奖的炎黄子孙。

是的,有时候舍弃是十分困难的,甚至是十分痛苦的。适时地舍弃,不仅需要勇气和胆识,更需要远见和智慧。人生之树,只有舍弃空想与浮华,才能撷取丰硕甜美的果实。

三个家庭贫困的农家少年在高考成绩公布时,有的喜,有的悲。A生成绩优异,幸运地被一所全国重点大学录取;B生和C生则名落孙山。B生不服输,报了复读班,明年再战高考;而C

生则选择了放弃，收拾行囊，加入南下打工的队伍中。

充满信心的B虽然经过加倍刻苦地学习，然而第二年高考成绩仍不理想，只得勉强上了一所大专。别看学校名气不大，学费却很惊人。为此，B的家人砸锅卖铁，负债累累，供他上了学。而上了一年名牌大学的A，已经成功摘取了两个学期的奖学金，再加上课余时间勤工俭学，实现了自给自足的生活，不再拖累家里。

B三年大专学成毕业，捧着一本类似于自考的文凭四处辛苦求职，总算在一所高校找到一份管理教学机房的工作。当领到平生第一笔薪水时，他傻眼了：区区几百元，这跟学校看大门的临时工有何区别！B愤然辞职，接着又辛苦地找工作，由于高不成低不就，两年过去了，他还是待业青年一个。

年终岁尾，B失魂落魄地回家，和他形成鲜明对比的是A和C的衣锦还乡。A拿了学士又摘了硕士，现在还被学校保送读博士，据说课余时间随便做个项目，就能轻而易举地挣个万八千；C也混得不错，当年高考落榜南下打工，从一个小小装修队的小工做起，凭着吃苦耐劳的精神和脚踏实地的作风，渐渐强大起来，现已成为拥资百万的包工头。这一比较不要紧，B羞愧得不想活了，大年夜那天就吞服了老鼠药，幸亏被及时抢救……

昔日三位贫寒学子，如今三种不同命运。这里就不再评论A了，因为他从被名牌大学录取的那一天起，就已经不再和B、C站在同一起跑线上了。

就说站在同一起跑线上的B和C吧，他俩从高考落榜后的人生选择起就有高下之分了。人生有时需要舍弃，舍弃也是一种大智慧。

正是清醒地认识到自己难以通过高考走出农村，C便选择了放弃复读，出门打工，经过几年奋斗，他寻到了属于自己的一片亮丽风景。

而B呢，却高估了自己的求学能力，他就像一个输红眼的赌徒一样，"死守华山一条道"，非要考上大学不可。虽然考上了大学，上的却是不入流的大学，拿的是不入流的文凭，毕业之后的四处碰壁也就可想而知了。

最为惨痛的是，他为了圆自己的大学梦，竟然抛弃了人生中最起码的责任——对家人的关怀和爱护（为筹学费父母卖血，妹妹辍学）。折腾几年，落得个"百无一用是书生"的悲惨结局！

人生路上有时会遇到像做智力题那样的选择。答对了，过关加分；答错了，就要扣分。

也就是说，要答题就得承担相当大的风险。如果你是不喜欢赌博的人，考虑到风险过大，那么就可以理智地选择舍弃答题，这样你的分数不加不减，也就无惊无险。

舍弃这道有着高风险的题，就可以转移精力去攻克适合你的另一道人生习题，就像文中的C生，开创出另一片新天地。

## 机会对任何人都是均等的，差异只在于快慢

"时光一去不复返"，这是每个人都知道的道理。在激烈的市场竞争中，"时间就是金钱"虽已是老生常谈，却是一条真理。每一个商机都伴有一定的时效性，因此精明的经营者一旦发现商机，就会以最快的速度开发并利用它。因为机会对任何人都是均等的，差异只在于速度快慢。谁快，谁就先得益；反之，就会两手空空。

《韩非子》中有一则故事，名字叫作"郑人卖豖"，描写了郑国一个商人由于不懂得抢时间做生意的道理，把一桩好买卖白白丢掉的经过。这个故事从反面论证了"商贵神速"的道理，同时也说明了拖沓的严重危害。

有一次，一个郑国人来到一个较远的集镇上卖猪。当他到达

集镇时,已经日落西山,暮色苍苍。这时,恰好有一个收购毛猪的商贩见他赶着一群猪自街头走到客店门前,心想买猪的生意来了,若是能马上做成这笔生意,明天就能回家了,还可以去早市贩卖。猪贩子急忙找到郑国人进行洽谈,谁知这个郑国人见有人来买猪,非常生气地回答道:"你这伙计好不懂事,我从很远的地方来这里,天又这么晚了,哪有工夫和你说话呢?"说完,他狠狠地瞪了猪贩子一眼。猪贩子再三央劝郑国人:"生意人的目的就是买卖成交,哪里还管天色早晚!"但是郑国人对他的话并不理会,气呼呼地把猪赶进了客店。结果,一桩到手的生意硬是让他给瞪没了,而他却对猪进了店所需的费用和饲料丝毫未加考虑。

做生意的目的,是为了尽快把商品推销出去,加速资金周转,多赚钱。拖延一天,就会多压一天资金。手中的货物长期积压着,资金就会减少生息。郑国人因为时间观念淡薄,不了解时间在经商中的重要性,更不会用时间去实施竞争战术,所以才会把卖猪与时间早晚对立起来,也因此搅黄了上门来的买卖。

有丰富实践经验的生意人是绝不会这样愚蠢的,他们把争取时间作为在竞争中取胜的一大法宝。例如故事中的那位猪贩子,他很懂得快购、快销可以尽早生利的道理。他早一些买进,就能赶早市，等于争取了一天时间，也就等于资金周转加快了一天。资金周转的速度是与利润率成正比的，周转越快则利润率越高。多一天的周转，等同于多赚一天的资金利息。由此可见，快购、快销具有推动资金增值的神奇力量。

上述故事中提到要快速抓住有利的销售时机，对于生意人而言，这种销售时机就是一种机遇。机遇是乔装的财神，它会迎面而来，也会擦肩而过，要抓住它却没那么容易。必须培养敏锐的洞察力，只有这样才能准确地抓住机遇。

"这是因为他的运气比我好。"当看到别人事业发达，人们经常会这样为自己的不顺心喟叹。事实上，问题不在于机遇不垂青自己，而在于自己缺乏一种灵敏攫取的意识，贻误了时机，以致抱恨终生。

在商场上，时机从未偏袒过任何人，而人对时机的利用则不尽相同。有人视而不见，无动于衷；有人见之不放，机遇独得；有人优柔寡断，错失良机；有人伺机奋起，一鸣惊人。这里的关键在于如何抓住时机，能否利用时机。

不过，时机的显露经常很模糊，只有目光敏锐的人才能透过现象看到本质，抓住拓展事业的绝好机会。反之，正是因为时机不容易判断和掌握，才给懂得运用时机的人带来了利益。如果人人都看得出、拿得准，那也就不叫什么时机了，至少错失良机的人就少了。

　　商场如战场。在风谲云诡的商海竞争中，一旦时机到来，经营者必须当机立断，并懂得何时该改变，何时该收场。当断不断，该收场的时候不能及时收场，不该收场的时候却收了场；该改变的时候不改变，不该改变的时候却改变了，这些都会让经营者遭受损失。商战的残酷，在客观上要求经营者对世态商情做清醒的判断，不能因拖拉而错失良机。经营者应当是一位观察家，拥有过人的眼力。这不仅表现在对市场风云变幻的直觉上，还体现在运筹帷幄、决胜千里的韬略中。想要在商战中获得胜利，就要善于选择良机，随时把握客观形势及各种力量的对比变化，透过现象看本质；同时，还要善于在七分把握、三分冒险的情况下，当机立断，先发制人。经营者如果能在商战中达到这样的要求，就可以获胜。

　　机不可失，时不再来。不管是在事业上，还是在生活中，机遇总是来去匆匆，一闪即逝。一旦错失机遇，将不可挽回。在机遇到来时我们应该当机立断，先发制人，只有这样才能够走向成功。

## 第三章 真正的勇士,敢于直面失败

### 打造一颗强心脏,重建受挫的自信心

有的人总是害怕面对未来,对于现在所做的事情也没有信心,充满挫败感。怎么才能找回丢失的自信呢?

自信是一种实现自身愿望的内在动力,是实现自我价值的精神源泉。纳撒尼尔·布兰登对自信是这样解释的:自信,首先是一个经验,那就是发现自己能够面对日常生活中的挑战,也就是相信自己具有思考、学习、选择、决定、适应变化等能力,能够感知自己应得的幸福。

丹尼尔是一位企业的老总,一直以来他都把比尔·盖茨作为自己的比较对象。为了接近或者超过这位世界首富,他整日忧心忡

忡、劳心伤神。他把重心全放在了工作上，甚至把家也搬进了公司，最后把自己累进了医院。经此一病，他逐渐变得自卑起来。

一天，他和一位病友闲聊，得知这位病友正在为孩子上大学的几千块钱学费发愁，丹尼尔说："只不过是几千块钱，对我来说简直是小菜一碟，这个忙我来帮。"他帮这位病友支付了孩子的学费，孩子顺利地上了大学。

过后，丹尼尔想：和这位病友比，我很幸运，拥有巨大的财富，我应该满足，应该自信，何必给自己找个过高的参照物呢？很多人就是在比较中失去自信的，也有人是在比较中获得自信的。

在人的心灵世界中，接纳自己要比接纳别人困难得多。我们对自身价值的认识总是以别人为参照，在比较中进行，通过比较，我们更容易否定的是自己。此外，对他人的期望和需求也很容易模糊自己内心的感受，我们往往看不清自己，否定自己，使自信离我们越来越远。所以，人要接受自己，不要把自己困在比较的关系网中，只有接纳自己，才能变得自信和幸福。

生活并没有我们想象的那么糟糕，也没有我们想象的那么美好。试着分析一下自己害怕生活的原因，是什么导致自己缺乏自信的，我们的内心到底又在害怕什么。其实，自信就是一种觉醒，它从日常生活中的实践而来。因此，为了找回自信，我们就要把自己融入实践之中,不断地去感受生活,即使失败了,也不过是从头再来。

受挫以后,我们应该怎么重塑自己的自信呢?

1. 接纳自我

建立自信,首先要接纳自我,要相信自己的能力,相信自己的思想和情感,不要逃避现实,更不能自我否定,同时也要敢于行动,行动是获得自信的最直接方式。

2. 给自己定一个目标

建立自信需要一个过程,首先选择一些简单的事情,当自己把这些事情做好的时候,就会有幸福感,觉得自己也没有想象中那么无能。接着再定一些大的目标,并按计划逐步完成。自信就是这样一点点建立起来的。

3. 不要推卸责任

缺乏自信的人往往喜欢推卸责任,把事情做不好的原因都推给他人,这样不但不能建立自信,时间一长,还会养成得过且过的习惯。是自己的责任就要自己负责,承担起责任,你的自信也就会随之而来。

## 不试试，你怎么知道不会成功

在我们的生活中总会遇到许多棘手的事情，有的人在遇到这样的事情时，认为自己没有能力完成，因此就轻易地放弃了。而有的人非常自信，不尝试一下怎么知道自己不能完成呢？结果就成功了。

美国曾经有一位名叫乔治·赫伯特的推销员，在2001年5月20日这天，他成功地将一把斧子推销给了小布什总统。布鲁金斯学会得知这一消息后，把一只刻有"最伟大推销员"字样的金靴子赠予了他。这是自1975年来，第二位学员获此殊荣，之前获此殊荣的学员曾成功地把一台微型录音机卖给了尼克松。

布鲁金斯学会是美国著名智库之一，是华盛顿学术界的主流思想库之一，以培养世界上最杰出的推销员著称于世。布鲁金斯学会有一个传统，在每期学员毕业时，都会设计一道最能体现推销能力的实习题，让学员去完成。威廉·杰斐逊·克林顿总统当政期间，他们出了这样一道题目：请把一条三角裤推销给现任总统。8年的时间里，有许多学员绞尽脑汁地去推销，可最终都无功而返。克林顿卸任后,他们把题目改成:请把一把斧子推销给小布什总统。

鉴于之前几年的失败与教训,许多学员都放弃了争夺金靴子奖的机会,甚至有个别学员认为这道毕业实习题会和之前一样毫无结果,因为小布什总统什么都不缺,即便缺些什么,他也不用亲自去购买。

然而,乔治·赫伯特却做到了,并且没有花多少工夫。一位记者采访他的时候,他是这样说的:"我认为,给小布什总统推销一把斧子是完全可能的,这是因为他在得克萨斯州有一个农场,里面长着许多树。于是我给他写了一封信,说:'有一次,我有幸参观您的农场,发现里面种了许多大树,不过有些已经死掉了,而且木质已经变得松软。我想,您一定需要一把小斧头,不过,从您现在的体质来看,这把小斧头显然太轻,因此您应该需要一把不甚锋利的老斧头。而我现在手上正好有这样一把斧头,还很适合砍伐枯树。倘若您有兴趣的话,请按照这封信所留的信箱,给予回复……'最后他给我汇来了15美元。"

乔治·赫伯特成功地给小布什总统推销了一把斧头后,布鲁金斯学会在给予他表彰时说道:"金靴子奖已经空置了26年,这26年间,布鲁金斯学会培养了数以万计的推销员,造就了数以百计的百万富翁，然而却一直没有授予他们这只金靴子。这是因为我们一直想要寻找这样一个人，这个人不因有人说某一目标不能实现而放弃，不因某件事情难以办到而失去自信。"

无论是在生活中还是工作中，当我们遇到困难时，一定不要轻易地放弃。即使再难解决的问题，只要我们勇于思考，敢于尝试，就会获得成功。换言之，只要我们足够自信，不轻易地说放弃，努力地去追求，成功最终就会属于我们。

## 请再多坚持一分钟

成功源于坚持。胜利的获得者，往往是能比别人多坚持一分钟的人。卡耐基在被问及成功秘诀的时候说道："假使成功只有一个秘诀的话，那应该是坚持。"

过去行的，现在不一定行；过去不行的，现在也许就行。任何人、任何事都是从不行到行，只有难易的不同。停止了努力，行的也变为不行了；继续努力，不行的就变为行了。成功的秘诀其实可以归结为两个字，那就是"坚持"！

伟大的巴顿将军在第二次世界大战后的一次聚会上说起一段

格局

经历：巴顿将军从西点军校毕业后，随即入伍接受军事训练。团长在射击场告诉他打靶的意义在于，哪怕你打偏了99颗子弹，只要有1颗子弹射中靶心，你就会享受到成功的喜悦。

对于实战经验不多的新兵来说，想要枪枪命中靶心是困难的，然而，当巴顿靶位旁的空子弹壳越来越多时，他已成了富有射击经验的老兵。

战争爆发后，巴顿将军奔波于各个战场，没有安稳感，他一度对生活充满了疑问，觉得自己像一架战争机器，不知道战争究竟何年何月才是尽头。但这一切持续了不到7年。这7年里，由于倔强刚烈的个性，巴顿将军所经历的挫折、失意，曾经那么锋利地一次次伤害他，令他消沉，如今他才明白，它们只不过是那一大堆空子弹壳。

生活的意义，不在于你是否经受挫折和磨炼，也不在于要经受多少挫折和磨炼，而是在于坚持不懈。经受挫折和磨炼是"射击"，瞄准成功的机会也是"射击"，但是只有经历了99颗子弹的铺垫，才会有一枪击中靶心的结果。

只要坚持到底，就一定会成功，人生唯一的失败，就是在你选择放弃的时候。因此，当处于困境时，你应该坚持下去，只要你所做的是对的，总有一天成功的大门会为你而开。

第一篇　志存高远，有所为，无所畏

美国华盛顿山的一块岩石上，竖立着一个标牌，告诉后来的登山者，那里是一个女登山者死去的地方。她当时正在寻觅庇护所——"登山小食"，那个地方只距她 100 米而已，如果她能多撑 100 米，就能活下去。

这个事例提醒人们，倒下之前必须再撑一会儿。一个人即使感觉精力已耗尽，其实仍然会剩下一点儿精力，会利用最后那一点儿精力的人就是成功者。

往往再多付出一点儿努力和坚持，便会收获意想不到的成功，以前做出的努力，付出的艰辛便不会白费。令人感到遗憾和悲哀的是，面对一而再、再而三的失败，多数人选择了放弃，没有再给自己一次机会。

英国物理学家布拉格小时候家里很穷，他凭借着自己对科学梦想的不懈追求，通过顽强的努力，终于取得了巨大的成就。而他曾经历的那段贫穷的岁月，成了日后激励他前进的动力。

他在学校读书时，家里经济条件太差，父母无法给他买好看的衣服和舒适的鞋子，他常常衣衫褴褛，穿着一双与他的脚很不相称的破旧皮鞋。但年幼的布拉格从不因为贫穷而感觉低人一等，更没有埋怨过家人不能给他提供优越的生活。那一双过大的皮鞋穿在他的脚上看起来十分可笑，但他却并不因此而自卑。相反，他无比珍视这双鞋，因为它可以带给他无限的动力。

原来这双鞋是他父亲寄给他的。家里穷，不能给他添置一双舒服、结实的鞋子，即便这一双旧皮鞋，也是父亲省下来的。尽管父亲对此充满愧疚之情，但他仍对儿子寄有殷切的希望，并给予儿子有力的鼓励和强大的情感支持。父亲在给他的信中这样写道："……儿呀，真抱歉，但愿再过一两年，我的那双皮鞋你穿在脚上不再大……我抱着这样的希望，你一旦有了成就，我将引以为荣，因为我的儿子是穿着我的破皮鞋努力奋斗而成功的……"这封寓意深刻、充满期望的信，化为一股无形的力量推着布拉格在科学的崎岖道路上踏着荆棘前进。

坚持是一种高尚坚韧的品格，是一种矢志不渝的信念。一个奋力追求成功的人，无论是致力于获取财富，还是想在某一领域成为顶尖高手，和那些没有成功理想的人相比，最根本的差别就在于争取成功的人永不放弃，永不言败，具有坚持到底的意志和信心。无论有多大的障碍和挫折，他们都不会轻言放弃。

在成功的道路上永远没有失败。所以无论何时，我们都应该信心百倍地去全力争取人生的幸福和获得最后成功的机会，要永远激励自己：离成功只有100米了，只要再坚持一分钟，就能取得胜利！

## 不屈不挠，方能开天辟地

摆在每个人面前的路都有很多条，何去何从是一个艰难的抉择。如果选择了你认为正确的道路，哪怕是布满荆棘的坎坷之路，你都应当具备义无反顾、绝不退缩的精神，坚持走下去。在商场上，尤其需要经营者有永不退缩的毅力。缺乏这种毅力，所定的目标和写在纸上的计划即便再完美，也会成为空谈。

商场上成为巨富的成功者，大多数都有共同的特点：坚韧执着，意志刚强，不达目的誓不罢休。而那些今天想干这个，明天又想干那个，小事不想干，大事干不了，或遇到一点儿挫折就退缩，缺乏坚强的意志和毅力者，往往一事无成。由此看来，毅力的确是成为巨富的首要条件。没有毅力，做任何事都不会成功，只有毅力才能帮助人们不断地向难关冲击并最终致富。

心理学家的研究表明，毅力是欲望向财产转换的过程中不可缺少的条件。毅力在跟欲望结合之后，便形成了百折不挠的巨大力量。大多数人遭到挫折和失败时，很容易放弃自己的目标，这也正是他们一事无成的原因。只有少数人才能达到目的，他们凭借的也不过是由坚强意志产生的毅力和不达目的誓不罢休的强烈欲望而已。

现实生活中处处都有强者凭借坚韧的毅力和不屈不挠的创业精神创造辉煌的例子。在竞技场上，登山运动员要到达峰顶，就必须凭借坚韧的毅力、强烈的征服欲和大无畏的精神；如果缺乏毅力，望而生畏，就会感到山峰高不可攀。同样，对于一个想在商场发家致富的人来讲，缺乏"不到长城非好汉"的毅力，财富同样也与他无缘。

经营者缺乏毅力的直接表现就是在商场上干什么都是有始无终。大多数人在开业之初，都能做一个优秀的经营者，但持之以恒地干下去，圆满地完成自己当初愿望的并不多。因为很多人都缺乏毅力，所以无法把工作做到位，当然也就无法享受到成功的快乐。坚韧的毅力是走向成功的前提，这种素质是其他任何东西都不能代替的。

失败并不可怕，可怕的是因打击而一蹶不振。在商场上，仅有愿望是无法成为富翁的，必须具有坚韧的毅力和明确而具体的计划才能获得成功。每一个人要实现成为富翁的梦想，在为之奋斗的过程中都不是一帆风顺的，都会有失败和挫折。但一个坚韧的人，可以战胜一切困难、越挫越勇。

第一篇　志存高远，有所为，无所畏

当失败降临到头上时，千万不要灰心丧气，要充满希望。但凡成功者都深知这一点：失败是暂时的，只要欲望强烈，意志坚定，一定能扭转乾坤，转败为胜。在商场的激烈竞争中，很多人经不起失败和打击，一生抑郁而殁。原因就在于他们没有认识到，人在失败时会产生一股强大的力量，进而拯救自己。据有关资料刊载，在人们认为最容易赚钱的美国纽约，经常创造奇迹的百老汇被称为"希望的墓场""机会的关口""成功者的天堂，失败者的地狱"。虽然如此，百老汇却仍是很多人追名逐利，成为富翁的绝佳去处。很多人带着自己的梦想和憧憬到百老汇去淘金，但百老汇只向那些天才、成功者点头哈腰，对失败者却是一副冷冰冰的面孔，甚至张开大嘴来吞噬失败者。百老汇的征服者们成功的秘诀是：毅力。例如，法妮·帕斯特是美国著名电影剧本作家，她的成功之路也不是一帆风顺的。1915年帕斯特来到纽约，希望靠创作致富，并拟订了一个计划。在后来的4年中，帕斯特白天工作，晚上创作，心中充满了希望，即使打击一再降临，她也从不说："百老汇，你赢了！"《星期六晚邮报》曾经36次退回她的同一部书稿。但她没有放弃，用4年的时间开辟出了通向出版社的道路——因为她有必胜的信心与坚韧的毅力。最后，出版社接收了她的作品。帕斯特一举成名，创作便一发而不可收，从而也得到了滚滚而来的财富。欲望和毅力给了帕斯特一个"红苹果"。

　　心理学家研究分析认为：除了直接遭到打击外，还有其他妨碍人们成功的因素。如精神不集中，受到他人的恶意攻击、欲望降低等。心理学家给因这些因素而得病的"患者"开了一个"药方"，这药便是毅力。可见，坚韧的毅力能够抵制种种非难和不公平对待，也能帮助人们坚定对财富和事业的追求。

　　毅力是真正能区分商业巨人和普通商人的试金石。人人都想发财，财富具有无法抗拒的吸引力，只有毅力和欲望相结合才是开启财源的钥匙。面对困难和种种挫折，有毅力便能安然度过。通过毅力考验的人便能拥有财富，没有通过的便仍是一贫如洗。同时，那些通过毅力考验的人，除了拥有巨额财富的事业以外，还得到了比物质报酬更为宝贵的东西——怎样凭借自己的毅力，利用失败的经验教训去跨越一个个难关，创造更多的财富！不过，毅力不是一个人天生的，它本身就是一种精神，是可以经过磨炼得到并提升的。人要想在商场混出个模样，自然是离不开毅力的。没有毅力，除非是上帝愿意把财富赐给你，不然你是得不到的。

　　强者依靠自己的坚韧毅力和不屈不挠的创业精神开辟自己的天地，而剩下的人遭到挫折和失败后就退缩不前，轻而易举地放弃自己的目标，最终也就一事无成。

## 勇于迎接不幸的来临

有一个普遍的真理,那就是一个人的思想能够决定自身的命运和事情的结局。当你用积极的思想去看待问题时,就会从灾难中看到希望;如果你让消极思想侵占你的大脑,那么你只能看到事情悲观的一面。正如一位先哲所言:"我们生活中所有的不幸,几乎都来自我们对落在我们头上事件的错误观念。因而,谁能用积极的思想思考问题,谁就能正确地判断事物,那么,他就向幸福迈出了一大步。"

有一个古老的故事,在非洲各部落广为流传。故事的主人公是一名传教士,他得了一种罕见的血液病,每天必须喝新鲜的山羊奶。

一天,这位传教士来到以前从未到过的一个部落里,部落的酋长一下子就喜欢上了传教士的那头山羊。当时,按照当地的风俗,村民们所拥有的一切,只要酋长想要,那就自然而然地被认为是酋长的财产了。为了尊重当地部落的习俗,传教士别无选择,只好把山羊献给了酋长。虽然他知道自己送出去的,正是他延续生命的支柱。

传教士的慷慨让酋长感到很高兴,于是酋长就把他手中的一根权杖作为回报送给了这位传教士。

传教士回到家后,伤心地对仆人说:"我已经把那头山羊送给了酋长,没有了山羊奶,我恐怕将不久于人世了!"

这位仆人感到非常吃惊,转过身对传教士说:"主人,难道你真不知道酋长送给你的是什么吗?那是部落里象征最高权力的权杖。现在,在这整个部落中你想要什么,你就能无偿地得到什么!"

失望和挫折是我们在生活中常常面对的事,不管我们面临的灾难多么巨大,我们都要认识到,只要我们拥有积极的思想,境遇就能够得到改观,就能够把"竹棍"变成"权杖"。比如,虽然你的丈夫不够英俊,挣钱也不多,但你应该看到的是他对你的深情,对家的责任;虽然你没有邻居家那样的豪华跑车,但你骑自行车可以更好地锻炼身体;虽然你的收入决定了你不能经常光顾饭店,但你在家里精心烹煮的菜肴也别有一番风味……

积极的心态对我们有很大的影响,那么我们应该怎样培养它呢?

首先,要认识到心态对生活的影响。当我们遭受到意外的打击时,如果只是一味地咒骂、怨恨,那么对于困难不但无济于事，反而还会使我们的心情变得更糟糕。如果你选择用积极的心态面对，你就能看到事物正朝着有利于自己的方向发展。英国著名文豪狄更斯说过："一个健全的心态，比一百种智慧都更有力量。"我们可以从这句不朽的名言中得到这样一个真理：有什么样的心态，就会有什么样的人生。人类几千年的文明史告诉我们，积极的心态能帮助我们获取健康、幸福和财富；而消极的心态会剥夺对我们的生活有意义的东西，即使人生已经达到了顶峰，它也会把我们从顶峰推下来，使我们跌入低谷。

其次，不要在不幸中自怨自艾。不幸降临时，要坦然面对，要有勇气去战胜困难，切忌陷进痛苦的深渊中不能自拔，更不要一味地生活在眼泪和抱怨中。其实，福祸总是一起存在的，是福是祸，就看你从哪个角度看了。

## 不要低估了自己的承受力

《向你挑战》一书的作者廉·丹佛讲过这样一个事例：美国麻省理工学院进行过一个有趣的实验，研究人员用铁圈将一个小南瓜整个箍住，以观察当南瓜逐渐长大时，对这个铁圈产生的压力有多大。研究人员希望了解南瓜能在这个过程中与铁圈互动产生多大的力道,以便了解这个南瓜能够承受多大的压力。

最初他们估计,南瓜最大能承受大约500磅的压力。但是当研究结束时,整个南瓜承受了超过5000磅的压力后瓜皮才破裂。他们切开南瓜,发现它中间充满了坚韧牢固的层层纤维,试图想要突破包围它的铁圈。为了吸收充分的养分,以便于突破限制它成长的铁圈,它根部的延展范围令人吃惊,所有的根都往不同的方向伸展,最后这个南瓜独自控制了整个花园的土壤。

我们对于自己能够变得多么坚强都毫无概念。假如南瓜能够承受如此巨大的外力,那么人类在相同的环境下又能够承受多大的压力?只要敢于在充满荆棘的道路上奋进,大多数人都能够承受超过我们所认为的压力。

桑德斯上校是肯德基炸鸡连锁店的创办人,他在年龄高达65岁时才开始从事这个事业。因为他身无分文且孑然一身,当他拿到生平第一张救济金支票时,金额只有105美元,内心极其沮丧。他不怪这个社会,也未写信去骂国会,只是心平气和地自问:"到底我能对人们做出何种贡献呢?我有什么可以回报社会的呢?"随之,他便思量起自己的所有,试图找出可为之处。

第一个浮上他心头的答案是:"很好,我拥有一份人人都会喜欢的炸鸡秘方，不知道餐馆要不要？我这么做是否划算？"随即他又想到："我真是笨得可以，卖掉这份秘方所赚的钱还不够我付房租呢！如果餐馆生意因此变好的话，那又该如何呢？如果上门的顾客增加，且指名要点炸鸡，或许餐馆会让我从中抽成也说不定。"

好点子固然人人都有，但桑德斯上校就跟大多数人不一样，他不但会想，还知道怎样付诸行动。有想法后，他便挨家挨户拜访，把想法告诉每家餐馆："我有一份上好的炸鸡秘方，如果你能采用，相信你的生意一定能够兴旺，而我希望能从增加的营业额里抽成。"

很多人都当面嘲笑他："得了吧，老家伙，若是有这么好的秘方，你干吗还穿着这么可笑的白色服装？"这些话是否让桑德斯上校打退堂鼓了呢？丝毫没有。因为他拥有一个成功秘诀，我们称其为"能力法则"，意思是指"不懈地拿出行动"：每当你做什么事时，必须从中好好学习，找出下次能做得更好的方法。桑德斯上校确实奉行了这条法则，从不为前一家餐馆的拒绝而懊恼，反倒用心修正说辞，以更有效的方法去说服下一家餐馆。

桑德斯上校的点子最终被接受，你可知他先前被拒绝了多少次吗？整整1009次之后，他才听到第一声"同意"。在过去的两年时间里,他开着自己那辆又旧又破的老爷车,足迹遍及美国每一个角落。困了就和衣睡在后座,醒来逢人便诉说他的秘方。他为人示范所炸的鸡肉,经常就是他果腹的餐点。历经1009次拒绝,整整两年的时间,有多少人还能够锲而不舍地继续下去呢?真是少之又少,也无怪乎世上只有一位桑德斯上校。我们相信很难有人能受得了20次的拒绝,更别论100次甚至1000次的拒绝了。然而,这也就是成功的可贵之处。

如果你好好审视历史上那些成大事、立大业的人物,就会发现他们都有一个共同的特点——不轻易被"拒绝"所打败,也不会退却,不达成他们的理想、目标、心愿,就决不罢休。华特·迪斯尼为了实现建立"地球上最欢乐之地"的美梦,四处向银行融资,可是被拒绝了302次之多。今天,每年成千上万的游客可以享受到前所未有的"迪斯尼欢乐",这全都源自一个人的决心。

多方努力去尝试,凭毅力与决心去追求所企望的目标,最终你必然会得到自己想要的,可千万别半途而废。就从今天起拿出必要的行动,哪怕只是小小的一步。

▶ 第二篇

# 思维决定出路，
# 格局决定结局

## 第四章 人生如棋，赢在布局

### 从细微处看到大趋势

在长沙市，你常常可以看到一群穿着统一制作的卡其色工作服的拾荒者，工作服背上印有"服务市民情系万家——废品收集"的字样，他们胸前挂着工作卡，成了点缀城市的一道亮丽的风景线。

这些人就是有"垃圾大王"之称的王旭的职工。经过多年的发展，他已是长沙市环卫废弃物品收集处理有限公司的董事长兼总经理，公司下设铝合金加工厂、铝合金业有限公司、环保塑化炼油厂、环保橡胶制粉厂等工厂，手下集合了1700多人的拾荒队伍，拥有30辆卡车、500辆三轮车。在城郊的垃圾场，堆积如山的垃圾在这里通过整理、分类，而后进入各个加工环节，不能进行二次加工利用的垃圾，则根据分类运送至末端处理场所。整个过程就是一条流水线作业，井然有序，科学而规范。

37岁的王旭跟垃圾打交道已有20年。捡垃圾本身就是一件吃苦的事情，虽然有利可图，但并不是人人都愿意干。一个拾荒者哪怕只收一个品种，如橡胶、塑料、金属等，一年下来的收入也不会低于一万元。但这是一个脏活、累活，哪怕垃圾堆里有金子，许多人也会不屑一顾。因此，想在这一行有建树不是一件简单的事情。王旭最初靠捡拾垃圾维持生计实属无奈之举，自从他靠捡垃圾有了1000元积蓄后，他就敏锐地发现了其中的发财机会，并将自己的事业建立在垃圾堆上。

捡了不到一年的垃圾后，有着聪明头脑的王旭想到了众多拾荒者都不曾想到的一个问题：花钱收集起来的这么多垃圾到底有什么用？从收购者那里一打听，王旭就发现了其中的门道：塑料运河北文安，铁皮罐、骨头运天津蓟州，玻璃运邯郸，纸运保定，有色金属运霸州，胶皮鞋底运定州……王旭灵机一动，想方设法搞到了上述厂家的电话，很快地避开了二道贩子，自己成了垃圾头儿。

捡垃圾不到一年，王旭就干了人们都没想到的事情。捡了许多年垃圾的长者不无感慨地说:"王旭有这样的心思,迟早会脱颖而出。"事实也正是如此,成了垃圾头儿的王旭,逐渐将捡垃圾的人组织起来,每50人为一个"舵",分门别类成立小组,凭着一干人马的苦干,他有了自己的废品回收站。废纸、废铁铝罐、玻璃瓶、塑胶器皿、废旧金属等,几乎所有的废弃物品他都收,再经过整理、分类、打包、运送等全部过程,找到末端购买者直销厂家。这样,他的收入由原来的每月几百元增至几千元。

熟悉垃圾以后,王旭渐渐发现资源回收这个行业有无穷无尽的潜力,所有的垃圾在他眼中全是宝。收购的废品中,有一部分被当作废铁卖的旧自行车,王旭就搞起了自行车翻新的业务,这样获利更多。之后,他又搞起了废旧轮胎翻新的业务。到1986年,他索性在市郊租下了10多间房子,对收购来的可利用物品进行二次加工,然后在市场上出售,生意十分兴隆。从单纯的收废品到废品加工再利用,王旭在收废品的同时,又走上了一条全新之路。

1990年,王旭根据市场上金属铝热销的行情,果断投资,成立了振欣铝业有限公司,利用废旧金属提炼铝。起初,有眼光的王旭抛弃了一般手工作坊炼铝的方式,购买正规设备,花3个月时间亲自去辽宁本溪学习更加高超的技术(当时市场上的铝能卖到1万元/吨）。有了先进的技术做保障，王旭无疑抢占了市场先机。之后，他又根据已成熟的经验，相继投资了废旧轮胎翻新厂和铝合金加工厂。到1995年时，32岁的王旭已经拥有了3个自己的工厂，资产达数百万元。

谁都想抓住改变命运的机会，但机会不是等来的，而是要靠智慧去寻找、去创造。这是许多人做不到的，王旭却做到了。跟废旧垃圾打交道的时间越长，王旭对这一行也就关注得越多。

从垃圾中尝到甜头的王旭一直认为，垃圾是放错了地方的宝贵资源。长沙市年产垃圾70万吨，如果堆在一起，相当于1/4的岳麓山，每年得占用20亩土地来填埋垃圾，这是一笔巨大的资源浪费。以废塑料为例，长沙年产废塑料3万吨，目前主要采取填埋方法处理，而被埋的废塑料200年都不会腐烂，还会产生碳氢化合物气体，极易燃烧和发生爆炸。于是，王旭想到了用废塑料炼油的项目，如果这个项目成功了，不但可以使自己的事业更上一层楼，还能利国利民、造福人类。

1996年，王旭开始了这个项目的调查和论证，整个项目成功的关键在于技术。为此，王旭花了近两年的时间进行市场考察和机器设备的引进。除了在国内了解此项技术外，他先后去了日本、德国、新加坡、马来西亚等地，考察他们治理垃圾的先进技术,最后,他选择了从日本引进先进技术和先进的设备。

经过一年的技术论证,1999年6月,投资1300多万元的环保塑化炼油厂在长沙市芙蓉区东岸乡西域村正式成立,该项目得到了湖南省省长、长沙市市长的亲自批示。从废塑料加催化剂进口,经过500℃高温熔化来回循环、冷却、澄清,到分炼出柴油、汽油,整个现代化炼油的工艺流程科学合理,杜绝了二次污染。经过处理,每吨废塑料的出油率可达75%,每吨油的利润在1000元左右。项目投产后,生产的合格产品已源源不断地走入市场,供不应求,王旭的经营取得了辉煌的成就。

与此同时,王旭又从德国引进了被称为"黑色污染"的废旧轮胎制粉技术,成立了环保橡胶制粉厂。生产出的橡胶粉被用于铺设柏油路,不但成本低,还能起到防滑、防冻的作用,产品销量一直很好。

从捡拾垃圾到做环保产业,王旭将不是机会的机会紧紧地握在了手里。这样的机会诚如王旭所言,许多人根本不屑一顾,不过没关系,只要有像王旭这样的人注意到就够了。

李维是犹太人,1850年出生于德国,由于家境不好,没有上大学。1870年,美国西部兴起淘金热潮,李维抱着淘金发财的希望,随着一群年轻人来到旧金山,并立即到矿场里参加淘金。

李维的父亲是个文职，虽然没有官位，但属于知识分子的范畴。李维虽从少年起就厌倦家里的文职生活，但却受读书看报的家庭习惯影响，读了不少书，形成一种爱思考的习性。他到矿场工作了两三个月后，对自己和别人的工作情况和收入反复思考、计算和比较，最后得出结论：淘金还不如在矿场上经营日用品商店赚的钱多。因为淘金者数以万计，大家都需要日用品，而当地却连一家日用品商店都没有。鉴于此，李维决定改变初衷，放弃淘金工作，开设一家专门销售日用品的商店。

李维的举动受到同行年轻朋友的反对，大家说："我们不远万里来这里是为了淘金赚钱，你做小生意能赚多少钱？也许连回家的旅费也挣不回来。"还有的人则嘲笑他没有眼光，笨头笨脑。不管别人怎么说，李维心里有一本早已算好的账。经了解，矿场的淘金者有好几万，如果有一万人每月买一支牙膏、一块肥皂、一条毛巾、一盒火柴、一包饼干……那么所需日用品的数量将非常之大。如果从每一美元的生意中赚20美分，那么每月就可赚几万美元。但他有自知之明，自知资本不足，不可能一下子把这些生意拿下来。于是，他从少量品种开始，在他的精心经营下，生意比预料中还要好。没多久，他的商店就初具规模，资本也多了起来。

格 局

　　李维深入矿场了解矿工的需求，然后根据大家的需求进货，甚至可以根据矿工的需求预约订货，按时送到。正因如此，他进的货全部都适销对路，没有积压，资金周转非常快，盈利也很丰厚。

　　一次，李维深入矿场推销线团、帆布等商品时，他听到一位矿工对他说："你销售的帆布是供淘金者做帐篷的，要是你能用这些帆布做成裤子，相信会更受矿工欢迎。因为我们现在穿的裤子均是棉布做的，不耐磨，而帆布则结实耐磨。"这位矿工的一番话对李维很有启发。于是，他用做帐篷的帆布到裁缝店去试做了几条裤子，卖给矿工。几个矿工争先恐后地买下了，还有很多买不着的矿工也愿预付订金。

　　李维根据这一信息和试销，认定这种帆布裤子一定有发展前途，这就是世界上第一条牛仔裤的始创。李维在试销的成功后，订了大批帆布，然后组织裁缝人员进行大量生产，满足了矿工需求，他也因此发了财。

　　1873年，他成立了李维·史特劳斯公司，在旧金山开设专厂生产这种帆布裤子。数以万计的矿工发觉这种裤子大大优于棉布裤子，大家就都改穿帆布裤子了。

　　随着销量的增加，李维开始注意改进裤子的样式和提高裤子的质量。他深入研究矿工的劳动特点，逐步使这种裤子完美起来。如臀部的口袋从原来的缝制改为用金属钉钉牢，因为矿工们经常要把矿石样品放进裤袋，用线车缝的容易裂开；为了便于矿工收集不同的矿石样品，在裤子不同部位缝制了多个口袋。后来，李维发现法国有一种哔叽布较帆布柔软些，耐磨力却不低于帆布，把它做成裤子更紧身，穿着更舒服有形。于是，他又试制样品，供矿工使用，结果更受大家欢迎。从此李维就不再使用帆布原料了，牛仔裤的独特样式已形成了。

牛仔裤慢慢由矿工们流行到各行各业的工人，后来又流行到美国的年轻人，连大学生们也认为牛仔裤是时髦服装。因此，美国的广播、电影、报纸等都把这一流行样式作为新闻，牛仔裤一下子流行起来，成为"最好的打扮"。特别是到了20世纪60年代，嬉皮士的出现及蔓延，对传播"牛仔裤文化"起了特殊作用，牛仔裤成为了世界流行服装。大家也许会注意到，在美国西部的电影中，标准的牛仔装扮就是穿一条牛仔裤，一双靴子，戴一顶礼帽，穿一件牛仔衬衫或普通衬衫外加一件牛仔上衣或猎装。电影对年轻人颇有感召力，李维的公司也因此闻名于天下，他的公司生产的LEVIS牛仔裤畅销于世界各地。他的"李维·史特劳斯牛仔裤公司"到1979年时，营业额达20亿美元，到1989

年跨入美国的大企业之列。

人的智慧与其说是教育的结果,不如说是经历的产物。一个人假如很少接触社会,就不可能对社会有明确的了解,更谈不上对社会各种资源的利用了。

## 眼前是小买卖,未来是大生意

铜锣湾位于香港岛的中心北岸之西,是香港主要商业及娱乐场所的集中地。在铜锣湾街头有一家规模很小的"阿二靓汤"店,这种汤实际上是以香妃鸡、香油鸭等清炖出来的汤汁,每碗汤的定价为12港元,利润很低。别看这种汤成本小,对铜锣湾的人来说,却是每日必不可少的。这种汤汤汁十分讲究,制作精细,且风味清爽可口,非常符合市民的口味。因此,店铺刚开张,顾客就络绎不绝,财源接踵而至。

据"阿二靓汤"店的创始人唐先生介绍说,他们之所以看中这种小买卖,主要是因为他们发现很多商家都热衷于以大饭店、大生意来赚取高额利润,以致这片市场出现了空白领域。然而香港有许多广东人,他们非常喜欢煲汤,如果占领这块空白领域做生意,只要料理得当,肯定能赚到大钱。于是,他便开了这家"阿二靓汤"店。在生意的管理上,他采取中西合璧的方法,经营中式食品,凸显出汤汁的特色,还依据食客的不同要求推出了大锅煮的汤和小煲煨的炖汤。这两种汤在定价上也有所区别,大锅煮的汤每碗定价12港元,小煲煨的汤每碗30~80港元。由于"阿二靓汤"店的汤汁很符合顾客的口味,所以一时间声名远播。唐先生的经营开创出一片新的天地,并获得了不菲的利润。

四川重庆有一位杨先生,也是靠经营辣子海蟹这样的一个普通川菜起家,竟炒出了亿万家业。

起初,杨先生与普通人一样,过着拿稳定工薪的日子。后来他渐渐发现,郊外旅游作为一种时尚,已经在重庆人心中根深蒂固。重庆人喜欢去郊外尝鲜,觉得那里的菜品味道独具特色。

于是,杨先生便从重庆人的饮食需求出发,在市区附近开设了一家小餐馆。选择经营项目时,经过深思熟虑,他最终选择了海蟹,因为广大的重庆市民最喜欢的就是这道菜。

为了让自己的菜品没有强硬的竞争对手,杨先生不仅在选料上十分严谨,还在味道上下了一番功夫。经过多次试验,杨先生终于研究出了自己的特色菜品。

由于杨先生制作的辣子海蟹新鲜味美且风味独特,一时间声名远播，几年时间，他的店铺由原来的5张桌子，发展为在全国拥有56家连锁店、5000多名员工的大型企业集团。

在生意上，"大"与"小"是相对而言的，有的生意看起来小，却能挣大钱，而有的生意看起来大却不一定能挣大钱，这是因为这种小生意与老百姓的生活密切相关。

## 你真的知道自己每天都在忙什么吗

做事要分清主次，若是没有主次，不仅会失去今天，还会失去未来。

曾经读到这样一个故事，故事的主人公是一个贪心的地主。有一天，这个地主去拜访一位部落的首领，说想要一块地。首领说："你从这里一直往西走，做一个标记，只要你能在太阳落山之前回来，从这里到那个标记之间的地就都是你的了。"

可是太阳都落山了，这个地主也没有回来，原来他走得太远，累死在路上了。

地主走不回来，是因为贪，贪得忘了他走路的最重要目的。然而，现实生活中有这样的人，他们不贪，却也走不回来，原因是他们办事拖拖拉拉，轻重不分。

　　一个朋友告诉我，有一次，他要在客厅里钉一幅画，于是请邻居来帮忙。画已经在墙上扶好，正准备钉钉子，邻居却说："这样不好看，应该钉两个木块，然后把画挂在上面。"于是他遵从邻居的意见，让他帮着去找木块。

　　没过多久，木块找来了，正要钉，谁知邻居又说道："等一下，木块有点儿大，最好能锯掉点儿。"于是邻居又四处去找锯子。找来锯子，还没有锯两下，"不行，这锯子太钝了，得磨一磨。"邻居说。

　　邻居家有一把锉刀，锉刀拿来了，他又发现锉刀没有把柄。于是，邻居准备给锉刀安把柄，便又去了校园旁边一个灌木丛里寻找小树。正准备砍小树，又发现自己的斧头生锈了，实在没办法用了，于是他又找来了磨刀石。可是磨刀石需要东西固定，这就必须得制作几根固定磨刀石的木条。为此他又到校外去找一位木匠，因为木匠家有现成的。然而，这一走就再也没有回来。最后，那幅画还是朋友一边一个钉子钉在了墙上。下午，朋友外出，在街上碰见了邻居，那时他还在五金商店里往外抬一台笨重的电锯。

　　在工作和生活中，像邻居这样走不回来的人有许多。他们认为，要做好这一件事，必须得去做前一件事；要做好前一件事，必须得去做更前面的一件事。他们逆流而上，刨根究底，直到将原本要做的事情忘得一干二净。这种人看似忙忙碌碌，一副辛苦的样子，其实他们并不知道自己在忙些什么。一开始，个别的人可能知道，然而一旦忙开了，就真的不知道在忙什么了。

遍布全美的都市服务公司创始人亨利·杜赫提说过，人有两种能力是千金难求的无价之宝：一种是思考能力；另一种是能够分清事情的轻重缓急，并妥当处理的能力。

## 下棋的制胜之道，绝不在于几个棋子的得与失

爱好围棋的人都知道，一场围棋的制胜之道是整体的布局，而不是斤斤计较几个棋子的得与失。以舍弃几个棋子换得控制全局的大势，这是制敌取胜的常用之道。我们经常能看到有些人下棋时锋芒毕露，尤其喜欢围杀，显然是以提取对方的棋子为乐事。这虽然能够取得一时之痛快，但往往最终也会败棋。

1076年，罗马帝国皇帝亨利与教皇格里高利争权夺利，斗争日益激烈，发展到了势不两立的地步。教皇格里高利想完全剥夺

罗马帝国皇帝亨利的自主权，而罗马帝国皇帝亨利则极力想要摆脱罗马教廷的控制。

正当双方矛盾十分激烈的时候，罗马帝国皇帝亨利首先发难，他召集德国境内各教区的教士们开了一个宗教会议，宣布废除格里高利的教皇职位。而教皇格里高利则针锋相对，在罗马的拉特兰宫召开了一个基督教教会的会议，宣布将亨利驱逐出教。他不仅要让德国人反对亨利，还在其他国家掀起了反亨利的浪潮。

由于教皇的号召力非常大，一时间德国内外反亨利的力量声势震天。尤其是德国境内的封建主们纷纷起兵造反，向亨利的王位发起了挑战。

面对如此危险的局面，亨利只得被迫妥协。1077年1月，亨利穿着破旧的衣服，带着两个随从，骑着毛驴，冒着严寒，翻山越岭，千里迢迢地前往罗马，向教皇格里高利认罪忏悔。

可是教皇格里高利故意不理睬亨利，并提前躲到了远离罗马的卡诺莎行宫。亨利无可奈何，只好又赶往卡诺莎行宫去拜见教皇格里高利。

到了卡诺莎行宫后，只见城堡大门紧闭，亨利无法进去。但是，为了保住皇帝宝座，他忍辱跪在城堡门前求饶。当时大雪纷飞，天寒地冻，身为罗马帝国皇帝的亨利屈膝脱帽，一直在雪地里跪了三天三夜，教皇格里高利才开门相迎，饶恕了他。这就是历史上著名的"卡诺莎之行"。

最后，亨利恢复了教籍，并保住了帝位，随后他便返回了德国。

显然，亨利放弃进攻，得到了教皇格里高利的饶恕，缓解了他与教皇格里高利的对峙局面。或许有人会不赞同这种做法，认为低三下四地去求饶，会让自己颜面扫地。但是紧要关头时，毅然放弃眼下似乎很重要的东西可能会获得长远的胜利。

正所谓："好汉不吃眼前亏。"罗马帝国皇帝雪地跪求教皇，为的是以吃"眼前亏"来换取以后的利益——为了生存和实现更高远的目标。如果因为不肯暂时低头而蒙受巨大的损失，甚至丢了性命，那还谈什么未来和理想呢？然而，却有不少人为了获得眼前的利益，为了自己的颜面和尊严，硬是与对方搏斗，结果一败涂地；有些人虽然获得"惨胜"，却元气大伤。

以退为进，这是一种大智慧。尤其是领导者，在这方面倘若能够运用得当，必定能受益匪浅。因为作为一个团队的领袖，受大众至少是团队内部成员的关注程度肯定会高于一般人。而有的人或许不怎么了解情况，却喜欢乱下结论，甚至有时会给你盖上一些莫须有的罪名,这时你去辩解反而会让人觉得你心中有鬼,即便最后得到澄清也极可能给人留下一种不好的印象,更何况有时候你真的会犯一些错误。

没有做过的事情要不置可否,因为事情最终会真相大白,到时候你不就可以得到别人最真实的尊敬了吗?同样,犯了错误就勇于承认,因为勇于承认错误更容易得到大家的谅解,而且一个光明磊落的人,即使错又能错到哪里去呢?不辩自明,是一种极好的公关技巧。

# 第五章 所谓大格局，就是懂取舍

## 以退为进，以守为攻

我们赞扬愚公移山的精神，赞扬人们遇到困难不退缩的执着意志。但是，在很多时候，我们也要学会后退一步，不要固执己见，放眼全局与大局，能够吃得眼前亏。

一般人往往只想着如何为了目标努力奋斗，只想着如何全力以赴向前冲，可是现实并不总是尽如人意的。如果遇到了障碍怎么办？如果遇到了麻烦怎么办？如果你累了没力气再向前冲怎么办？很简单，大家都以为只有向前冲才是前进，却没有想过，向后退是在为前进蓄势，是为了更好地前进的一种策略。

举个例子来说，跳高和跳远运动员总是先退后一定距离，然后借冲刺的力量跳得更高、更远。人际关系也是如此，暂时退后一步，不与别人针尖对麦芒，暂时忍让吃亏，就仿佛是为了跳高和跳远而蓄势一样，将会获得长远的利益和胜利。以退让开始，以胜利结束，是为人处世中不可或缺的一种方式。

自古以来，凡是能成就大事的人，往往都不会在小节上纠缠，更不会感情用事。在争取成功和胜利的道路上，有时退正是为了进，有时守却是最好的攻。

有一年，在比利时某画廊发生了这样一件事：

美国画商看中了印度人带来的三幅画，按标价一共是250美元，可画商觉得价格太高了。于是双方唇枪舌剑，谁也不肯退一步，谈判陷入了僵局。那位印度人恼火了，怒气冲冲地当着美国人的面把其中一幅画烧了。美国人看到这么好的画烧了，感到十分可惜。他问印度人剩下的两幅画愿卖多少钱，印度人回答还是250美元。美国画商见他毫不松口，又拒绝了这个价格，这位印度人心一横，又烧掉了其中一幅画。美国画商只好乞求他千万别再烧最后一幅。当他再次询问这位印度人愿卖多少钱时，印度人说道："最后一幅画能与三幅画是一样的价钱吗？"结果，这位印度人手中的最后一幅画竟以600美元的价格成交。

当时，其他画的价格都在 100~150 美元，而印度人这幅画却能卖出如此之高价，原因何在？首先，他烧掉两幅画以吸引那位美国人，便是采用了以退为进的策略。因为他"有恃无恐"，他知道自己出售的三幅画都是出自名家之手，烧掉了两幅，剩下了最后一幅画，正是"物以稀为贵"。这位印度人还了解到这个美国人喜欢收藏古董名画，只要他爱上这幅画，是不肯轻易放弃的，宁肯出高价也要买来珍藏。聪明的印度人施展这招果然很灵，一笔成功的生意唾手而得。

可见，在与人打交道的过程中，为了达到目的，不妨让自己的头脑灵活一些，以退为进，欲擒故纵，反而能达到出人意料的效果。但是，想要成功采用"以退为进"的策略，必须要把握好分寸，留有后路。"知己知彼，百战不殆"，如果心中没有把握就贸然欲擒故纵，其结果可能是"赔了夫人又折兵"。

退让有时候只是表面上做出让步，实际上却暗中又进了一步。这种以假乱真、虚实不定的策略，往往令对手难以预测、防不胜防。无论是退让以求保存力量，还是以退为进、实际更进一步，聪明人不会以退让为耻辱，而是以退让为策略。进退自如，才能充分施展自己的才智，又能保护自己不被外在的力量摧毁。

暂时退让一小步，换来后面的大胜利，实在是高明之举。

学会以退为进的策略，对自己的心理底线决不退让，准确揣摩对方心理，就算是要吃眼前亏，为了得到后来的"大便宜"，也要欣然接受。

## 只有学会舍弃，才能登上人生的巅峰

每个人都有过搬家的经历，无不把自己折腾得筋疲力尽。一旦收拾家当，我们往往会惊奇地发现好多自己已经不喜欢，却又没有丢弃的东西，如衣服、鞋子之类的，将我们的衣箱塞得满满的。一件件过目，它们虽然过时但依然整洁，当初就是如此，自己才舍不得扔掉，总说来年再穿，第二年的时候，却又买了新的，再也没有动过它们，每年如此。好像自己拥有许多，其实真正喜欢的、用得着的却没有多少。

人，正因为不懂得舍弃，不能放手去清扫自己，才会有很多纠结无解的痛苦，甚至陷入深深的而又无法自拔的困境中。当懂得舍弃和清扫自己的艺术和智慧时，我们就会豁然开朗，人生就会向你展现出另外一个截然不同的景致。正如蝌蚪舍弃自己的尾巴，变成自由跳跃的青蛙一样。

有一个聪明的年轻人，很想在各个方面胜过别人，尤其想成为一名大学问家。可是，许多年过去了，他的各方面都不错，可学业却没有多少长进。他非常苦恼，就去向一位大师求教。

大师说："我们登山吧，到山顶你就知道该如何做了。"

那山上有许多晶莹的小石头，煞是迷人。每当见到他喜欢的石头，大师就让他装到袋子里背着，很快他就吃不消了。"大师，再背下去，别说到山顶了，恐怕我连动一动的力气都没了。"他凝望着大师。"是啊，那该怎么办呢？"大师微微一笑，"该放下了，背着石头怎么能登上顶峰呢？"

年轻人一愣，忽觉心中一亮，向大师道谢后就立刻走了。后来，他一心做学问，进步飞快……其实，人要有所得，必然会有所失，只有学会舍弃，才有可能登上人生的巅峰！

意大利天文学家及数学家伽利略也曾面临困难的处境。有时候，他把自己的发现和发明当作礼物送给当时最重要的赞助者，以从他们那里得到资助从事研究。然而，不管他的发现和发明多么伟大，这些赞助人通常都是送他礼物，而不是赠予现金，因此他常常没有安定的生活。

1610年,他发现了木星周围的卫星。这一次他把这个发现呈献给麦迪西家族。他在寇西默二世登基的同时宣布,他从望远镜中看见一颗明亮的星星(木星)出现在夜空中。他表示,卫星有4颗,代表了寇西默二世与他的3个兄弟;而卫星环绕木星运动,就如同这4个儿子围绕着王朝的创建者寇西默一世一样。将这项发现呈献给麦迪西家族之后,伽利略委托他人制作一枚图案——天神朱庇特坐在云端之上,四颗星星围绕着他——徽章献给寇西默二世,象征他和天上所有星星的关系。

1610年,寇西默二世任命伽利略为宫廷哲学家和数学家,并给予全薪。对一名科学家而言,这是人生中最辉煌的岁月,伽利略四处乞求赞助的日子终于结束了。

伽利略仅靠一个简单的举动就摆脱了以前四处乞求赞助的日子。理由很简单:贵族们实际上并不关心科学和真理,他们在意的是名声与荣耀。人们都希望自己看起来比其他人更为显赫出众,伽利略就将他们的名字联系上宇宙的力量来满足他们的虚荣。能和宇宙联系在一起,这样的荣耀有谁不想得到呢?

伽利略的策略让这些贵族觉得自己不只是在做提供财源这样

简单的工作，还让他们觉得自己富有创造力并权倾一世，甚至比以前创造的伟业更崇高。

也许有人会认为伽利略过于逢迎这些贵族，而失去了作为一名科学家应具有的品质。但是，科学家也不能逃避生活的反复无常，他们也需要一定的经济支持。如果仅用一个小策略就能获得更多的支持，何乐而不为呢？

在舍与得之间权衡利弊，为的是用较小的舍换取较大的得。这也可以说是一种投资行为。而说到投资，恐怕古往今来无人能比得上战国时期的赵国商人吕不韦了。吕不韦之所以能赚得盆满钵满，是因为他舍得在子楚身上花钱。

子楚是秦孝文王的儿子，被作为人质送到了赵国。他在当地的生活并不宽裕，不方便乘车，居所也很狭小，住得很不舒服。

当时吕不韦正在邯郸做生意，见到子楚后，就打起了他的主意，认为子楚是一个可以囤积起来、留待日后发财的宝贝。于是他前去拜见子楚，说："我可以帮你光大你的门户。"

子楚听后笑着说："你还是先光大你自家的门户，然后再来帮助我吧！"吕不韦说："你有所不知，我家的门户要等你家的光大了之后才能光大。"

子楚听懂了吕不韦话中隐含的深意，于是忙请他入座细谈。

吕不韦说："现在的秦王已经年迈体衰了，安国君被封为太子。我听说安国君十分宠爱华阳夫人，而华阳夫人自己没有生育。所以，将来决定立谁为王室继承人的大权就握在华阳夫人手中。现在你们兄弟有20多个，你排行中间，并不怎么受到宠爱，平时还长时间地作为人质被送到别的国家。所以等到秦王去世，安国君继承王位之后，你根本没有资本与长子和那些整日围绕在安国君身旁的兄弟竞争，被立为太子的机会很小。"

子楚说："是这样的，那我应该怎么办呢？"

吕不韦说："你生活清贫，又是客居在这里，所以没有财产可以用来奉献给双亲或是结交朋友。我虽然也不是很富有，但仍愿资助你一笔财产，以便你回到秦国讨安国君和华阳夫人的欢心。这样你就有机会被立为太子了。"

听得子楚连连叩谢说："如果一切真如您所说的，那么等我成了秦国国君之后一定把秦国的土地与您共同分享。"

在大商人吕不韦的资助和帮助下，子楚后来终于即位为王，即秦庄襄王——秦始皇的父亲。当然，吕不韦的"生意"就做得更大了。子楚当上秦国国君后，他受封为闻信侯，担任秦国的相国。

## 一个只知道掠夺的人，必然会变得疯狂

很多时候失败的原因不是挫折和磨难，而是自身的疯狂和膨胀。因为不懂得放弃，不懂得退让，一意孤行，最后到了疯狂的地步，这时距离灭亡就不远了。

太多的成功会让我们陷入疯狂扩张的迷局。这时候越成功，离失败就越近。"失败乃成功之母。"这是我们大家非常熟悉的一句励志名言，然而将这句话反过来思考，我们能够得出另一句警世名言："成功乃失败之父。"这句话用在德隆的身上再合适不过了。

德隆金融帝国在乌鲁木齐创业，奔走于政治中心北京，最后在金融中心上海落户，它就像一架高效率的战车，一路收购，一路斩杀。它的气魄大得让人感到惊异。然而，它的辉煌之际也是陨落之时。当人们还惊讶于德隆炫目的光彩时，德隆却顷刻间倾覆。华融全面托管，高层被拘，德隆帝国犹如一辆失控的战车，逐渐走向消亡。

德隆的唐氏兄弟创造了众多经济概念：产业整合、全球并购、资产共享、资产创立、资产改善、资产裂变、投资项目模拟试验等。

初期，他们从整合的水泥产业入手，从大汽配到重型卡车，从电动工具到园林工具、数控机床，涉足水泥、汽配、现代流通、矿业、食品、旅游、金融等产业。到后期，德隆参股了多达177家公司。而他们所带领的德隆公司也成为无所不能的全能企业。

但是，很快问题就出现了。一方面，由于战线拉得太长，产业投资的回报周期长短搭配不当，持续的并购和后续管理费用均依靠融资来解决，财务成本越来越高，最终给德隆带来了巨大的资金压力。而德隆旗下数百亿产业链每年约能产生6亿元的利润，但这笔钱用来偿还银行贷款尚且紧张，更何况德隆每年还有巨额的管理费用和民间拆借资金成本，以致德隆的现金只能是入不敷出。

另一方面，德隆盲目进行扩张，没有依托主业，没有培育主业的核心竞争优势，没有处理好如何多元化和调整多元化结构的问题，而这些也是德隆失败的根源。盲目地扩张虽然能够使德隆的产业迅速做大，但是由于德隆所迈进的新领域无法迅速赢利，不仅会连累金融业务，还会连累实业，因此，一旦资金管道枯竭，实业也就会随之消亡。

曾经的唐氏兄弟在上海德隆大厦意得志满、运筹帷幄，如今唐万新因非法吸收公众存款罪，被判处有期徒刑6年6个月，并处罚金40万元；因操纵证券交易价格罪，被判处有期徒刑3年；决定执行有期徒刑8年，并处罚金40万元，给世人留下了一个凄凉的背影。

《财经》杂志对德隆的领导人做出了如下评价：一个清醒地制造危机的赌徒，一个梦想把火山化作金矿的狂人。德隆的失败，可以说给那些野心勃勃的人敲响了警钟。我们大多数人都有"做大做强"的情结，但是，不要忘记这一情结容易变成一个个解不开的"死结"，成为一个个陷阱，牢牢地将我们拴住，使我们在博弈中身陷困境，不得解脱。

我们的精力有限、时间有限，若是想要的太多，就需要花费更多的精力和时间，这必然会给我们增加很多的压力，而这些压力无疑会对我们做出明智的决策造成更大的困扰。

德鲁克曾说："一个企业的多元化经营范围越广，协调活动和可能造成的决策延误就越多。"因此，盲目地扩张绝对不是明智之举。

## 取舍的智慧造就了杨澜

杨澜生于北京，是一个著名的节目主持人。起初，注意到她是因为她似乎是成功的形象代言人，是被媒体和大众定义好了的角色符号。而杨澜对自己的定位是一个传媒人，然而她并非一个做传媒的人，她也是一个被传媒"做"出来的人物形象。杨澜凭借大众传媒成就了自己，而大众传媒也借杨澜创造了一个阳光灿烂的"中国梦"。许多人对杨澜的了解都是那个媒体中遥远的人物形象，但就是这个有着光环的形象和她的经历给了大众无限的寄托。社会大众通过杨澜，看到了这样一个道理：99%的努力再加上1%的机遇，我们就能活得如此精彩。因此，说杨澜是普通人梦想的现实实现者一点儿都不为过。

而在杨澜的身上，我们很容易看到她那取舍的智慧。1990年至1994年，杨澜担任中央电视台《正大综艺》节目主持人，并

格局

于1994年获中国第一届主持人"金话筒奖"。可以说主持《正大综艺》的4年造就了杨澜，然而让人感到震惊的是，盛名之后她却毅然放下了"金话筒"，赴美深造，最后一期节目中"难忘那朵兰花"的话语不知说出了多少人的心声。对于这次离去，杨澜说："主持人这个行当有某种吃'青春饭'的特征，我不想走这样的一条道路。我相信，如果一个人不充实自己的话，他的前程将是短暂的。"两年后，杨澜于美国哥伦比亚大学国际及公共事务学院毕业，并获国际事务硕士学位，这一次的她又一次进行了取舍，她选择回国发展："传媒离不开特定的社会环境，在自己的国家可以做的事更多。"从加盟凤凰卫视到创立阳光媒体集团，大众视野里的杨澜不断地改变着自己的角色设置。但是，即便杨澜如此变化着，她依旧没有偏离做媒体这个大方向，她清楚地知道，这是自己的优势，而不断地向这个方向的更高层次迈进便是她的目标。在生活中，每一次的取舍实际上都是人生的一个转折，而杨澜的每一次取舍都包含着她对自己、对未来的清醒把握和预期。"一个人要想成功的话，一个最重要的基础，就是先要明白自己到底要干什么""成功的意义应该是由自己确定的"，这些话闪烁着杨澜的智慧，因此，努力追求自己确定的成功的杨澜也被大众定义为成功。

"心灵需要灌溉,历史需要记载",杨澜给自己的栏目、自己的阳光卫视树立了文化内涵丰富、充满人文关怀的个性化品牌。实际上,这个文化品牌便是杨澜为自己的公司精心打造的卖点,凭借着这个卖点,阳光卫视的节目广告售出情况良好。接下来,她又为自己找了下一个突破点:"文化是一种理想,首先要盈利,我们必须既考虑文化的追求又考虑商业的价值,否则一切都是空谈。"自古,文人都耻于谈利,于是我们大大降低着文化与金钱的关联度,然而杨澜却敢于以文化为卖点,并真正地靠文化赚取利润,在这一点上,我们不得不叹服她创新的理念和创业者的胆识。

可是,杨澜似乎并不满足于被简单定义为一个成功者,她更愿意让大众接受她是一个幸福的人。她所具有的或是所表现出来的传统美德更为大众所欣赏。杨澜说:"女人具体做什么是次要的,她要能让周围的人感到温暖、温情和力量。在这其中,她也体现出自己独立的人格、尊严和价值。"娴静文雅和深刻锐利似乎在杨澜的身上得到了很好的统一,所以她既没有被界定为"女强人"而遭到男性的排斥,又让女性受到鼓舞和感到理解。杨澜本人,或是媒体中的人物形象,实际上浓缩了我们的传统文化,

格局

说到底是社会对女性合理想象的完美代表。

关于取舍的智慧,在杨澜的一些感想里面也可以看出,在《凭海临风》里,她写了好多充满哲理的句子:

"逆境每个人都会经历,我也绝不会比别人少。不管是得意的时候还是悲观的时候,都要了解自己最需要什么,如果对自己想要的东西比较明确的话,就知道如果你舍的话,自己也会不开心的。做自己想做的事,对于成功和失败可以看淡一点儿。我相信每一个人都会有挣扎的感觉,不在于他最后的成就。另外,我觉得人都有软弱的地方。你有虚荣心啊,患得患失啊,交织在一起,你的不顺利并不一定都是环境造成的,也有你个性弱点的原因。

"我觉得大学期间最重要的是要把自己的思路打开一点儿,别光学自己的专业。对一个人的成功更有帮助的是一个综合思考的能力,还有与人交往的能力和沟通的能力。实际上,现在一个人要在这个社会上与人相处,特别是要跟别人合作来做事情,就必须学会跟人沟通,让别人明白你在说什么,你在想什么。这对一个人在社会上的立足和成功,是至为关键的。

"一个人取舍的时候,只能服从你自己心里想的事情,你对一个环境有不满意的地方,希望有突破,那一定是你内心有这样的需要,那就按照你的心告诉你的那样去做,这是对自己最负责任的事。你没有办法保证结果,就像我今天没有办法保证我40、50岁的时候是什么样。也许有人会说,杨澜并不成功,那也没关系,我仍然相信我的取舍是对的,因为我取舍的是我喜欢做的事。

"作为母亲,我认为孩子任何具体的才能都是次要的,比如学钢琴、学外语……最关键的是身心的健康,他可以没有障碍地和别人交流,对任何事情都以开朗活泼的性格处理,这种对性格的培养是幸福最重要的方面。"

## 适时地舍弃是一种人生大智慧

心理学家做过这样的一个试验:一只蝴蝶从敞开的窗户飞了进来,在房间里一圈一圈地飞着,有些惊慌失措。显然,它是迷路了,左冲右突地努力了多次,都没有飞出房间。这是为什么呢?原来它总是在房间顶部的空间寻找出路,不愿意往低处飞。而往下一点点的位置就是敞开的窗户。最终,这只蝴蝶耗尽了力气,奄奄一息地落在桌子上,犹如一片毫无生气的叶子。俗话说:"坚持到底就是胜利。"可是,当我们的坚持迟迟等不到结果时,又有谁想过舍弃呢?细想一下,适时地舍弃也不失为人生的一种大智慧。

音乐家谭盾初到美国时,只能在街头卖艺为生,那时有一个非常赚钱的地盘——一家银行的门口,一个黑人琴手与他配合得十分默契。后来谭盾用卖艺的钱进入大学进修,10年后,谭盾已是一位在国际上知名的音乐家了。一次,他经过那家银行门口时,发现那位黑人琴手还在那里卖艺,于是过去打了招呼。那位黑人琴手开口便说:"嘿!伙计!你现在在哪个最赚钱的地盘拉琴?"这个故事讲述了一个道理:人必须懂得及时抽身,离开那些看起来最赚钱却不能再进步的地方;人必须鼓起勇气,不断地学习,才能登上生命的另一高峰。

一天早上,一位妈妈正在厨房清洗碗碟。她有一个4岁的儿子,正独自在沙发上玩耍。

不久之后,这位妈妈听到孩子的啼哭声,于是还未擦干手,就去客厅看孩子怎么了。

原来,孩子的手插进了放在茶几上的花樽里。花樽上窄下阔，所以孩子的手伸进去后拿不出来了。这位妈妈用了不同的办法想把儿子卡住的手拿出来，但是都不得要领。

妈妈开始有些焦急了，她稍微用力一点儿，孩子就痛得大声尖叫。无可奈何之下，这位妈妈想了一个下策，就是把花樽打碎。可是让她感到犹豫的是，这个花樽并非普通的花樽，而是一件价值连城的古董。不过，这是唯一能拔出孩子的手的办法。于是，她忍痛将花樽打碎了。

虽然损失不菲，但是只要孩子平平安安的，妈妈也就不太计较了。她叫儿子伸出手来，想看看他有没有受伤。但是他的拳头仍然紧握着，无法张开。是不是抽筋呢？妈妈又开始惊慌失措。

原来，小孩子的手不是抽筋。他的拳头之所以张不开，是因为他紧握着一枚硬币。也正是因为这枚硬币，所以他才将手卡在了花樽里。小孩子的手拔不出来，不是因为花樽口太窄，而是因为他不肯放手。

有一个登山队，名叫"挑战极限"，这次他们准备从最难攀的一面攀登一座雪山。该队聘请了一位资历甚老的登山运动员做向导。这次他们准备了一年才决定攀登这座雪山。当他们差几个小时就攀到顶峰时，老向导突然说要放弃这次攀登活动，理由是天气突变，有可能会发生雪崩。但队长是个血气方刚的年轻小伙，眼看即将登顶，他死活都不同意放弃。因为一年当中只有这几天适合攀登这座雪山，这一放弃就意味着这一年来的精心筹备要付诸东流。老向导深知此事，但坚持要放弃，他不想让队伍去冒险。但队长听不进去。老向导无奈，只好独自一人下山，而队长带其他人继续登山。结果，除了及时放弃的老向导，其他人全部遇难。第二年，老向导独自一人成功地登上了峰顶，仰天长叹。

人生在世，有许多东西是需要不断舍弃的。而人生原本就是一个不断舍弃的过程，舍弃就是接受变化，舍弃就是适应新的事物。然而，在现实生活中，我们更多的人却一味地坚持自己的选择，甚至想当然地认为自己的做法无比正确，于是置家人的阻拦于不顾，把朋友的劝告都当成耳边风，并自豪地把这种坚持称作"执着"。要知道，坚持虽然是一种良好的品质，但有时却容易造成不可挽回的局面。在没有任何科学依据和胜算的情况下，屡屡试验是愚蠢的、毫无益处的。

成功者的秘诀是既具有执着的精神，又能随时检查自己的选择是否有所偏差；能及时舍弃无谓的固执，懂得适时变通。也就是说，舍则变，变则通，通则胜。

某电视台的一个娱乐节目，有一个数钞票比赛的环节。节目中，主持人拿出一沓子钞票，这一沓子钞票里面有面额不一的各类币种，按不同顺序杂乱叠放着，在规定的3分钟内，让现场选取的4名观众进行点钞比赛。这4名参赛的观众谁数得最多，数目最准确，那么他就可以获得自己刚刚数过的现金。

主持人将游戏规则一宣布，顿时引起全场轰动。在3分钟内，不说数几万，至少也能数出几千来吧。而在短短的几分钟内，就能获得几千块钱的奖励，能不叫人兴奋吗？

游戏开始了，4个人开始埋头"沙沙沙"地数起了钞票。当然，在这3分钟内，主持人是不会让他们安心点钞的，他会拿起话筒轮流给参赛者出脑筋急转弯的题目，来打断他们的正常思路，并且必须答对题目才能接着往下数。几轮答题下来，时间就到了，4位参赛观众手里各拿了厚薄不一的一沓子钞票。主持人拿出一支笔，让他们写出刚才所数钞票的金额。

第一位，3472元。第二位，5836元。第三位也数出了4889元的好成绩。而第四位，只数出区区500元。第四名观众与前三名观众所数的钞票数目相距甚远。当主持人报出这四组数字的时候，台下顿时一片哄笑，他们都不理解，第四名观众为什么会数得那么少呢？

这时，主持人开始当场验证刚才所数钞票数目的准确性。在众目睽睽之下，主持人把四名参赛观众所数的钞票重数了一遍，正确的结果分别是：3372、5831、4879、500。也就是说，前三名数得多的参赛观众，不是多计了 100 元，就是少计了 5 元或者 10 元，距离正确数目都有一"票"之差。只有数得最少的第四名才完全正确。按游戏规则，只有第四名观众才能获得 500 元奖金，而其他三名参赛观众，都只是紧张地做了三分钟的无用功。

看到这样出乎意料的结果，台下的观众先是沉默，继而爆发出热烈的掌声。这时，主持人拿出话筒，很严肃地告诉了大家一个秘密：自从这个节目开办以来，在这项角逐中，所有参赛者所得的奖金，从来没人能超过 1000 元。

全场观众若有所悟。主持人最后说："有时，聪明地舍弃，其实就是经营人生的一种策略，也是人生的一种大智慧。不过，它需要更大的勇气和睿智啊。"

## 不要为了一枚铁钉而输掉一场战争

当生活强迫我们付出惨痛的代价以前,主动舍弃局部利益而保全整体利益是最明智的取舍。智者曰:"两弊相衡取其轻,两利相权取其重。"趋利避害,这也正是舍的实质。

在欧洲,有一句流传很广的民谚:"为了得到一枚铁钉,我们失去了一块马蹄铁;为了得到一块马蹄铁,我们失去了一匹骏马;为了得到一匹骏马,我们失去了一名骑手;为了得到一名骑手,我们失去了一场战争的胜利。"

为了一枚铁钉而输掉一场战争,这正是不懂得及早舍弃所造成的恶果。

古往今来,学会舍的典故和事迹不胜枚举。明朝时,山乐有位叫董笃行的人在京城为官。一天,他接到母亲来信,说家里盖房子为一堵墙与邻居发生争执,希望他能出面为家里讲话。董笃行接到信后回了一首诗:"千里捎书为一墙,让他三尺又何妨。万里长城今犹在,不见当年秦始皇。"董母读后觉得有道理,于是主动退让。这个故事至今还传为美谈。有些人为了实现自己的理想,甚至放得下生死,民族英雄文天祥就留下了"人生自古谁无死,留取丹心照汗青"的千古绝唱。

尽管人生奋斗不止的目的是获得,但有些东西却是不能不学会舍弃,比如功名、利禄、美色……陶渊明在官场不受重用,隐居过着"采菊东篱下,悠然见南山"的生活。因此,舍并不是要你悲观失望地退却,而是扬弃。

学会舍,是舍那种不切实际的幻想和难以实现的目标,而不是舍为之奋斗的过程和努力;是舍那种毫无意义的拼争和没有价值的索取,而不是丧失奋斗的动力和生命的活力;是舍那种金钱地位的搏杀和奢侈生活的创造,而不是失去对美好生活的向往和追求。

面对纷繁复杂的世界和物欲横流的社会,懂得舍的人会用乐观、豁达的心态去对待没有得到的东西,他们每天都有快乐和愉悦的心情伴随左右。而不懂得舍的人只会焦头烂额地乱冲,他们不仅最终未能达到目标,而且每天都陷于得失的苦恼之中。

也许舍当时是无奈的,甚至是痛苦的。但是,若干年后,当我们回首那段往事时,我们会为当时正确的取舍感到自豪,感到无愧于人生、无愧于社会。也许正是当年的舍，才到达今天的光辉顶峰和成功彼岸。

有一首老歌，歌词最后几句是这样的："原来人生必须要学习放弃，答案不可预期；原来结束最后才能看得清，来来去去何必在意。"是啊！人生在世，何惧舍弃。

欧洲金雕筑巢于高山悬崖，它以尖利的喙和强壮的爪宣布自己是天空的王者。金雕一窝只能孵出两只幼雏。在食物不足的季节，小金雕就会挨饿，金雕妈妈也只能眼看着孩子饿得嗷嗷叫。这时，两只小金雕就用力互相挤靠，结果总是相对弱小的那只被挤下山崖摔死。而这时的金雕妈妈又总是容忍这种"兽行"。

人是难以理解金雕的，但是面对残酷的饥饿，金雕必须如此，否则就会全部饿死。岂止金雕，我们人类不也时时面对着痛苦的舍吗？

在现实生活中，我们做任何事情都会不自觉地考虑其最终的结果会是什么：是得到的多、失去的少呢，还是与之相反？

鉴于每个人对生活、对人生、对幸福、对得失等的不同理解，也就会有因人而异的衡量得失的不同尺度。无论大家的衡量标准如何不同，有一点却是相同的，即得到的最好能多于失去的。

现在网络已经走进千家万户,连刚刚会走路的小孩子也开始上网找寻他们的快乐了。纵观所有的上网者,其中人数最多的当然是年轻人,而年轻人中占比例最大的是学生(大学生占多数)。

我们常常听到网友们有这样的感叹:"上网真的浪费了我太多的时间、金钱、精力乃至感情,就连学业也荒废了……"在网上也几乎天天都看到有网友在说:"我要离开聊天室不上网了,上网浪费了太多的时间和金钱……"也有的说:"网络真的很害人,让我干什么都没有心思,一心只想着上网和朋友们聊天、到各个网站上找自己感兴趣的东西……"特别是那些有过网恋经历最终又以失恋而告终的人,大部分在抱怨网络令他们付出了太多、失去了太多,而最终却什么也没有得到,留下的只有伤心、失落。他们在痛苦和遗憾的同时,也会发出呐喊:"我这一次是真的要戒网了,网络带给我太多的痛苦和无奈,也浪费了我太多的感情!"

可是,好好想一下,你真的什么也不曾得到吗?聊天时的轻松、见到好友聊得热火朝天时的兴奋、在网上不必伪装尽情放松自己与朋友畅聊时的欣喜、通过网络跟任何一个在生活中也许永远也不可能相遇的人成为知己时的欣慰、想念某一个网友时在某一个可以聊天的地方相见时的那份激动和喜悦……这些难道不是你曾经在网上所拥有的吗？

　　曾经和一个从商的朋友聊天，当时他的一番话和他所表达的观点，让我至今记忆犹新。他说："对于朋友而言，如果太计较个人的得失，他（她）将很难有真正的好朋友或知己；作为一个商人，如果太计较眼前的金钱或利益的得失，他（她）就很难真正地、长久地成为一个成功者。"他还说："我做生意时，常常会把一些跟我生意不相干的业务介绍给我的客户，或是把因为自己太忙做不完的业务给我的同行去做。这样做在别人看来很傻，哪有把自己的生意让给自己的竞争对手做的？可是他们却不知道，当我在帮别人时，当我看似失去了赚更多钱的机会时，我其实是在帮自己，一旦得到过我帮助的客户有了一笔跟他不相干却对我生意有利的业务时，他就会把这笔生意介绍给我来做；一旦我的同行也有做不完的业务而我却没有业务时，他会想到我曾经帮过他，所以会把做不完的业务让给我而不是让给别人。这就是所谓的'种瓜得瓜，种豆得豆'……"这看似很平常的一番话却让我觉得这位商人是多么的有智慧、有个性，他的成功正是在于他懂得怎样衡量得与失。

其实，得与失是相辅相成的，任何事情都会有正反两个方面。在你认为得到的同时，其实在另一方面肯定会有一些东西失去，而在失去的同时也一定会有一些你意想不到的收获。

做人也是一样。大家有缘相识相交，本来就是一种很难得的缘分，只要大家合得来，且在一起很开心，那么就不必太计较自己是不是付出太多而得到太少。就算是真的付出太多而得到太少，最起码心里可以很坦然，况且有许多东西表面上看起来是得到的，说不定正是失去另外一些东西的前因呢。

得与失是永远并存的，这是一对永远也不可能分开的亲兄弟，关键是你如何把握机会，如何正确看待得与失这一辩证关系，让自己在失去的同时得到比失去的更好的东西。

# 第六章 千山万水往长远看

## 功成身退,明哲保身

明哲保身,并非做事保守,而是一种谨慎,在古代的官场上尤其如此,这不能不说是一种生存的大智慧。

在一般人眼中,"忠"总与"愚忠"联系在一起,实际上,"忠"不仅是一种道德律令,还是人生的黄金法则。以"忠"字自修,可以稳定心神,培养刚强之气;以"忠"字待人,可以交到真朋挚友,互帮互助;以"忠"字办事,则可以心无旁骛、勇往直前。

"忠"字是升迁晋职的必经之路,也是名垂青史的不二法门。试看古往今来,又有谁讨厌忠心之人?曾国藩作为一个饱读经书、受儒家传统文化熏染很深的人，三纲五常在他的心目中占有十分重要的分量。在家族之中，他非常重视家族成员之间的关系，注重对子女的教育，强调以孝悌为本，把"孝友传家"作为自己家族的优良传统，用一句话来概括就是"父慈子孝，兄友弟恭"。曾国藩希望通过这些准则来规范家族成员的行为，进而达到家族成员之间的团结和睦，从而使曾氏家族长盛不衰、香火永传。

曾国藩的祖父曾玉屏也是一个很传统的知识分子。他通过自己的言传身教让子女们通晓孝敬长辈的道理，他还非常注重妥善处理亲族邻里的关系。曾国藩的祖母则是一个很懂得传统孝道的妇女，专心致力于相夫教子，不与妯娌们争利，忍辱负重。曾国藩的父亲曾麟书因为资质不高，屡屡受到曾玉屏的责骂，对此，曾麟书的态度仍然是"毕敬毕孝"，后来，曾玉屏病重，曾麟书又朝夕服侍，毫无怨言，正是在这种家学渊源的基础上造就了曾国藩这样一个封建时代标准的忠臣孝子。

曾国藩强调的孝悌为本，是"忠"在家族内部的表现形式，也就是要求家族成员对整个家族负责，对家族尽忠，不能做对不起家族、不利于家族稳定和发展的事情。为家族尽忠的原则，更多地强调了家族成员对家族的义务，从思想根源上断绝了家族成员维护自己个人利益的企图，这种以牺牲个人利益来维护整体利益的做法，就是几千年来封建秩序得以维护的重要基础。

另一方面，家族不可能完全无视家族成员的存在，也要关心他们的生老病死，以此来显示家族的亲情，但这从根本上来说并没有超出家族利益的范畴。而且，在个人利益和整个家族利益相冲突的时候，家族的领导会毫不犹豫地做出选择，牺牲个人利益以维护整体利益。这就是"忠"字的一个基本内涵。后来，随着曾国藩事业的兴旺发达，曾氏家族的声望也逐渐达到顶点，此时的曾国藩不仅没有骄傲自满，反而处处谨慎小心。曾国藩在家书中不断告诫家人要夹着尾巴做人，不可欺凌族人，也不许欺凌乡亲。例如，同治十年（1871年）三月三日，曾国藩在家书中强调：

"以勤俭自持，以忠恕教子，要令后辈洗净骄惰之气，各敦恭谨之风，庶几不坠家声耳。"

曾国藩在家族中推行的孝悌为本同"忠"是密不可分的，治国与治家只是大小的不同，没有本质上的区别。在家族内部讲求孝道，推而广之，就是对国家的尽忠。

忠臣孝子是中国几千年来人们的道德楷模，"入则孝""出则忠"，就是这些忠臣孝子为人处世的道德规范。入则孝、出则忠，二者相互联系，密不可分。在家族内部，从小就培养子弟们的孝道，等他们将来走向社会，为国家尽忠、为君主尽忠就成为自然而然的事情。曾国藩的儒学修养很好，忠君报国的思想自然而然地在他的心中根深蒂固，他极力推崇"忠义"二字。曾国藩思想中的忠是忠于君主，也就是忠于国家。在曾国藩眼里，君主就是国家，国家就是君主。

太平天国起义后不久，因母丧守孝在家的曾国藩，受命到长沙帮助湖南巡抚办理团练，抵抗太平军的节节进犯。从此，曾国藩从一个知识分子逐渐转变成带兵打仗的军事将领，开始了在他一生中占有很大分量的军事生涯。"了却君王天下事，赢得生前身后名。"曾国藩个人的生死已经同封建王朝的兴衰紧紧地联系在一起了，把自己的聪明才智奉献给清王朝，维护清王朝的统治就成了曾国藩为国尽忠的基本形式。

在镇压太平天国的过程中，曾国藩严格以"尽忠报国"来约束自己的言行，激励自己不断地克服战斗中的艰难困苦。他信奉"君虽不仁，臣不可以不忠"，也就是说，作为大清王朝的一名臣子，不论君主怎么样，是否信任自己，是否重用自己，臣子都必须对君主忠心耿耿。正是凭借这一点，曾国藩作为一个汉族地主才能取得清政府的信任，从一个帮助地方团练的编外人员逐步爬上了封疆大吏的重要位置，手中握有军事、财政、行政大权，其势力所及遍布东南半壁江山，用"权倾朝野"四个字来形容一点儿也不为过。

曾国藩之所以能取得如此显赫的地位，固然跟当时清政府面临的险恶军事局面有关，但是，根本原因还是曾国藩表现出的赤胆忠心，使清政府放心让他去担当剿灭太平军的重任。

随着曾国藩地位、影响的提高，他为国尽忠的观念更加强烈。他不仅要求自己做到"忠君敬上"，而且要求他周围的人也这样做。他认为在礼崩乐坏、王道不兴的乱世中，只有各级官吏都把"孝悌仁义之经"作为教化天下民众的工具，使人人都懂得纲常伦理不可违的道理，才能达到天下大治。在曾国藩写给兄弟、子侄的家书中，曾国藩更是屡次强调为国尽忠的大义。要求他们无论是在家还是外出远游，无论是在朝为官还是在野为民，都要关心国家大事，想方设法维护正常的封建统治秩序，维护传统的伦理道德。为此，曾国藩专门写了一副对联：

"入孝出忠，光大门第；亲师取友，教育后昆。"同治元年（1862年）六月十六日，曾国荃升任浙江按察使，曾国藩在家书中恭贺弟弟的同时，告诫他："惟当同心努力，仍就拼命报国、侧身修行八字上切实做去。"

俗话说："人怕出名猪怕壮。"曾国藩显赫的战功带给他的不仅是声望，还有同仁的忌妒。曾国藩作为通晓三纲五常，并且以此来作为自己行动准则的儒臣以及人际关系的重要性以及声誉对一个人官运的影响，因此他处处小心，时时谨慎，从而保全了自己，也壮大了自己的基业。

## 最吃亏的成了佛，一点儿不肯吃亏的却一直是众生

与其说"吃亏"是做人的一种谋略，不如说"吃亏"是做人的一种气度。世上最吃亏又最占便宜的人是处处不与人计较的"菩萨"。

鲁迅笔下的阿Q自诞生那天起就一直是被人们鄙视和诋毁的对象，但是他的那套生存哲学却值得现代人学习。他始终能把悲哀的情绪化解开，使之变成快乐的理由；把失败的过程反过来当作成功的结果，进而获得胜利的喜悦。这样的人能不快乐吗？

一个犹太人走进纽约的一家银行，来到贷款部，大模大样地坐了下来。

"先生，请问我能为您做点儿什么？"贷款部经理一边问，一

边打量着这个西装革履、满身名牌的来者。

"我想借一点儿钱。"

"好啊,您需要借多少?"

"一美元。"

"只需要一美元?"

"是的,只借一美元,不可以吗?"

"噢,当然可以,不过只要您有足够的担保,再多点儿也没有关系。"经理耸了耸肩,漫不经心地说。

"好吧,这些能做担保吗?"犹太人说道,接着从豪华的皮包里取出一堆股票、国债等,放在经理的写字台上。

"总共50万美元,够了吧?"

"当然,当然!不过,您真的只借一美元吗?"经理疑惑地看着眼前的怪人。

"是的。"说着,犹太人接过了一美元。

"年息为6%,只要您付出6%的利息,一年后归还,我们就可以把这些股票退还给您。"

"谢谢。"

犹太人说完准备离开。

行长一直站在旁边冷眼观看着,他怎么也弄不明白,一个拥

有50万美元的人,怎么会来银行借一美元,于是他急忙追上前去,对犹太人说:

"啊,这位先生……"

"有什么事吗?"

"我实在不明白,为何您拥有50万美元,却只借一美元?您不认为这样做很吃亏吗?要是您想借30万或40万美元的话,我们也很乐意……"

"请不必为我操心。在来贵行之前,我问过了几家金库,他们保险箱的租金都很昂贵。所以,我就准备在贵行寄存这些东西,一年只需要花6美分,租金简直太便宜了。"

俗话说:"好汉不吃眼前亏。"在我们许多人的眼里,把"吃亏"看成蠢人的行为,其实很多时候,我们的判断都是错误的,一些"亏"只不过是事情的表象而已。

日本有一家奇士达公司,其经营理念是:"吃亏就是占便宜,所以情愿吃亏。"对于以利益为目的的企业来说这种经营理念实在令人难以置信。

竞争对企业来说,是绝对目标,可是这家公司却像出来行善般经营,不免令人怀疑:"公司开得下去吗?会有利润吗?"

实际上,奇士达公司却快速地成长起来,成为年营业额2000

亿日元的绩优公司。那些好听的经营理念，成了公司发展的商机。

企业最怕赔钱，吃亏的生意是不做的，而奇士达公司将这些没人愿意做的生意承接下来，反而没了竞争对手，生意自然大好。社长铃木清一先生的苦心经营，为社会提供了物资，也为自己带来了财富。许多公司不愿亏损，而奇士达公司却因为做亏损的生意，反而迎来了商机。

创造财富在很多人的观念里都是要够狠、够坏，才能在竞争者中脱颖而出，继而出人头地。其实不然，成功靠的往往是正面的思想，也就是正面的道德观。

举个例子来说，同样去买东西，两家商品都一样，一家的老板善良而温和，另一家老板冷漠而固执，请问：你选择去哪一家买？

用劣质的商品来赚取暴利，就算短期内能生存，一旦被人们发现了，它还能生存下去吗？可能长久经营吗？企业的存在必须是长久的，在刚开始就以优良产品来取得消费者的信赖，不是可以赚更多钱吗？

人也是如此，我们不是只活一天而已，明天我们仍得做人，而明天会遇到什么事，又有谁知道？如果用轻视的态度做人，那做得长久吗？不如好好待人，亲切、温和地与人相处。

打个比方说吧，最吃亏的人便是菩萨了！菩萨处处不与人计较，什么屈辱、低下、卑贱、不入流的事都做，只要有益众生，菩萨都身体力行去做，只盼众生明理，只望众生成佛，结果，谁成佛了？菩萨自己成佛了！

没想到那最吃亏的竟成了佛，而处处不吃亏的众生，反而一直当众生！

## 做人要有远见，眼前利益莫计较

三国魏人李康的《运命论》中有这样一句话："木秀于林，风必摧之；堆出于岸，流必湍之；行高于众，众必诽之。"意思是：树木在山林中过分清秀而出类拔萃，必定会被风摧毁；石堆比海岸还要高，必定会被流水冲击；行事为人事事高于别人，不免会遭人诽谤。面对如此复杂的人际环境，有时能够糊涂做事，方能立于不败之地。这是道家的人生观，也是一种以不变应万变的智谋。

三国时期的刘备深谙这个道理，他为了防止曹操谋害自己，整天在后园里种菜，一副胸无大志的样子，因此蒙蔽了曹操的双眼，躲过了劫难。而那个颇为自负的杨修在曹操面前一再表现自己的聪明，后来被曹操找个借口杀了。以上这些故事，都能说明难得糊涂是一种超然物外的至高境界，是真正的大彻大悟。然而，让人感到遗憾的是，有人偏偏不懂得糊涂艺术，经常聪明反被聪明误。

比如唐初的谋臣刘文静，若是李渊在位时他能懂得糊涂艺术，一定能安度晚年，并享尽荣华富贵。可是，他太斤斤计较眼前的利益了，竟然在李渊在位时大发牢骚，这样怎么能不倒霉呢？

李世民起兵反隋时，刘文静算是一个主要谋臣，并在后来的数次战役中屡立大功，因此说他是唐朝的开国元勋也不为过。与刘文静相比，裴寂的资历尚浅，而且裴寂是经刘文静介绍才加入反隋行列的，但他善于结交李渊，甚至将隋炀帝的宫女私自送给李渊，与李渊在酒桌上称兄道弟。

李渊称帝后，异常宠信裴寂，授予他右丞相的职位，每次上朝与他一起坐御座，退朝后一起入宫，对他可以说是言听计从，而且赏赐无度。而刘文静却不受宠信，官职也只是一个小小的尚书，因此他感到很不公平，每次上朝故意与裴寂唱反调，渐渐地,两个人成了死对头。

有一次,刘文静在朝堂上被裴寂一阵奚落,心中升起一股怒气,回家后也没有消除,于是他以刀击柱,发誓说:"我一定要杀掉裴寂这个王八蛋。"不料家贼难防,一个失宠的小妾听到这些话后上告了朝廷,朝廷审问时,刘文静将自己的想法和盘托出:"当初起兵时,我的地位在裴寂之上,如今裴寂被授予高官,而我的官职却比他小很多,因此心怀不满,醉酒之后说了一些过分的话,但这也是人之常情啊。"李渊听到刘文静的申辩后十分生气,认为他有谋反之心,决定将他处死。朝中多数大臣都为刘文静说好话,据理力争。其实,李渊认为刘文静与自己比较疏远,很不放心,所以想趁这个机会除掉他。裴寂看出了李渊的心思,便火上浇油地说:"刘文静的确立过大功,怎奈他已经有了反心,如今天下尚未太平,倘若赦免了他,肯定会后患无穷。"

这一番话正中李渊的下怀,李渊立即宣布将刘文静处死。临刑时,刘文静仰天长叹:"古人说,飞鸟尽,良弓藏,原来真是这么回事儿啊!"

由此可知,为人处世一定不要太过计较,倘若你非常在意自己的得失,一点儿亏都不想吃,那才是真正的"吃亏"。

## 对小事斤斤计较时，大灾难可能已在酝酿

在你为小事斤斤计较不肯释怀之时，大的灾难可能已经在酝酿。

从前，在一个村庄里住着一位老人和一个女仆以及一只公羊。勤俭认真的女仆听从主人的吩咐煮麦豆，但那只公羊却常常趁着四下无人时偷吃麦豆。不明原因的主人发现麦豆很快就没了，以为是女仆私自偷吃，所以常对女仆大动肝火。几次下来，一肚子委屈的女仆对公羊的厌恶和怀疑与日俱增。

从此以后，女仆只要一见到公羊，就挥舞起木棒，不由分说地直追猛打，公羊为了保护自己，便用头上的羊角反守为攻。于是，家里天天上演人羊大战，火药味一天比一天浓。

这天，女仆忙着生火煮麦豆，手里拿着带有火星的火种。公羊见女仆手上没拿木棒，便低头用角对准女仆迅速突袭，惊慌失措的女仆情急之下将火种全撒在了羊背上。

火星接触到干燥易燃的羊毛，缓缓蔓延，升起焦烟，又燃起火苗，燥热与痛楚使公羊拔腿向屋外狂奔。它足迹所到之处，不

论村庄、山间、田野都成了熊熊火海。

原本清净秀丽的村庄,一时间残垣断壁、面目全非,而这只因为一个女人和一只公羊的斤斤计较。

不应该执念不忘小事,也不能计较于小事,否则就会像女仆和公羊一样,怨恨冲突不断,让其他不相干的人也陷入无法挽回的境地中。

我们的日常生活中每天都有许多类似的"小事",大多数人"斤斤计较于小事"而浪费宝贵的生命,完全错失了生命的神奇与美妙。所以说,我们不应该让小事绊住前进的脚步,不要让琐碎的烦恼浪费我们宝贵的时光。

有一天,狮子来到天神面前,说:"我很感谢您赐给我如此雄壮威武的体格、如此强大无比的力气,让我有足够的能力统治这片森林。"

天神听了,微笑着问:"但这不是你今天来找我的目的吧!看来你似乎为了某事而困扰呢!"

狮子轻轻吼了一声,说:"我今天来的确是有事相求。即使我的能力再大,每天公鸡打鸣的时候,我还是总会被吵醒。天神啊!祈求您,再赐给我一种力量,让我不要再被鸡鸣声吵醒吧!"

天神笑道:"你去找大象吧,它会给你一个满意的答复的。"

狮子兴冲冲地跑到湖边找大象，还没见到大象，就听到大象跺脚所发出的"砰砰"声。狮子加速跑向大象，却看到大象正气呼呼地跺脚。狮子问大象："你为什么发这么大的脾气呀？"

大象拼命摇晃着耳朵，吼道："有一只讨厌的小蚊子，总想钻进我的耳朵里，我都快痒死了。"

狮子离开了大象，心里暗自想着："原来体形巨大的大象，还会怕那么瘦小的蚊子，那我还有什么好抱怨的呢？毕竟公鸡打鸣也只不过是一天一次，而蚊子却是无时无刻不在骚扰大象啊。这样想来，我比它幸运多了。"

狮子一边走，一边回头看仍在跺脚的大象，心想："天神要我来看看大象的情况，应该就是想告诉我：谁都会遇上麻烦事，而天神却无法帮助所有人。既然如此，那我只好靠自己了！以后只要公鸡打鸣，我就当作公鸡是在提醒我该起床了，这么一想，鸡鸣声对我还算是有益处呢！"

生活少不了放轻松，可是偏偏很多人把生活看得太严肃，以至于经常为了小事而抓狂。其实，生活中的许多苦闷、烦恼，大多源于自己容易生气，不懂得放松心情，遇事就愁眉苦脸或咬牙切齿，这样的日子当然不快乐。做人要有度量，凡事不斤斤计较，任何困难都能迎刃而解。

## 有一种高情商叫不要与人抬扛

在今天,"言多必失""祸从口出"的万世警训依然见证着它的价值,不能说没有它的道理。

发生在台北的萧崇烈一家三口灭门血案就是一起关于祸从口出的血淋淋的惨案。犯罪嫌疑人邓笑文被捕后,坦承因受经营起重机生意的萧崇烈讥讽而萌生杀意,并在行凶后担心事情败露,而再杀其妻女灭口。

邓笑文表示:两个月前,死者萧崇烈用话刺激他、耻笑他,并用手指指着他的胸口,笑他"没什么用",开起重机那么久了,仍然是"给人请(聘雇)",不像他自己开起重机没多久就当了老板。面对这样的讥讽,邓笑文怀恨在心。后来,萧某只要与他碰面,就不断嘲笑他,致使他萌生杀人泄恨之心。

据警方表示,犯罪嫌疑人邓笑文心智健全,但因受到对方不断地讥讽和嘲笑而杀人,成为历年来灭门血案的特殊案例,虽然属于极端事件,但颇值得社会大众警惕。

古人早有明训:"言语伤人,胜于刀枪。"许多人常以嘲弄他人或者与他人抬杠为乐子，也有部分综艺节目的主持人，戏称未能在比赛中过关的来宾"笨"，或嘲笑比赛者的长相"丑"。有些虽然是属玩笑性质，但总让人觉得不妥，毕竟尖酸刻薄、有失厚道的言事批评，会使听者不悦；严重时，正如灭门血案的被害人一般，可能遭到杀身之祸，使人后悔莫及。因此，古人说："丧家亡身，言语占八分。"似有其道理，真是叫人不得不谨慎。

其实，言辞引起冲突而萌生杀机的情况，不只在中国会发生，国外亦有所闻。法国巴黎有一名美食专栏作家，经常在文章中评价不同餐厅的菜色。有一次，此专栏作家在专栏中对某餐厅的菜色做出"像猪食"的评语，以致激怒了餐厅老板。该老板事后特别再请此美食专栏作家去试吃"精致美味的佳肴"，不料美食专栏作家吃完后脸色大变，随即晕倒在地，被送到医院时已气绝死去。餐厅老板被警方逮捕收押后，坦承"设毒宴"下毒，他说："批评我们的美食像猪食的人都该死！"

这真是叫人瞠目结舌，专栏作家们下笔时可得小心点儿，若言辞过于尖酸刻薄，批评太过分，可能也会惹祸上身。

事实上，不管是男人还是女人，只要被一些不中听的话激怒，都可能会因情绪状态失控而口出狂言，甚至大打出手。宜兰县头城镇有两家相邻的家具行，因同行竞争而相忌，又因轿车被刮而引起言语冲突，于是两家除了动口怒骂、动手互殴外，又用口互咬。结果，41岁的林先生鼻子被咬落于地，他忍着疼痛拾起半截鼻子，赶至罗东博爱医院求医生缝合；另一方是53岁的许先生，在"口齿互咬大战"中下巴被咬下一块肉，鲜血溅满脸孔，也痛苦万分地赶赴医院缝了10多针。

上述因说话而遭遇杀身之祸及打得鼻青脸肿、咬掉鼻子和下巴的实例，似乎叫人觉得不可思议，甚至有些好笑，不过，也让人再次想到"丧家亡身，言语占八分"。

"大礼不辞小让"，做大事的人哪顾得了那些鸡毛蒜皮的小事？错矣！

不拘小节常被人看作是大度潇洒的表现，可是你知道吗？大事全部是由不起眼的小事组成的，唯有把每件小事做好，才有可能做成大事业。更何况，许多生活、社交上的所谓小事也许不会给你带来明显的财富收入，但却是一个人修养素质的全部体现，是一个人潜在的形象及人际资源方面的投资。

给我触动很大的是一位同学的话，他说他不会同我们另一位同学合作。我很惊讶："大家都是同学，生意上又可互惠互利，为什么呀？"他说："这么多年了还是一点儿长进都没有，我听着他嚼口香糖的声音就想吐。还有我拉他去跟人家谈判，出来后我真为有这样的同学而丢人，他的形体语言太夸张了，总是喜欢跟别人唱反调，一直到双方都十分尴尬的时候才住嘴。让对方觉得我们跟人家不在一个层面上，这怎么做生意啊！"

这位同学人不错，也有不少优点，但修养、个性上的这些小问题竟然给他带来如此大的负面影响，真是出乎我的意料。

如果你抬杠、辩论、反驳，有时或许会取得胜利，但这种胜利是最为空洞的，因为这意味着你再也得不到对方的好感了。

## 放任私欲，只会贪小失大

《管子》中说："懂得先给予就是为了后获取，吃小亏而占大便宜。"《周书》上说："如果想得到什么利益，必须先有一定的付出。"为什么要这样说呢？

"鹌鹑嗉里寻豌豆，鹭鸶腿上劈精肉，蚊子腹内刳脂油，夺泥燕口，削铁针头，刮金佛面细搜求，无中觅有。"

这是我国古代一首名为《醉太平》的曲子，里面对贪婪之人心理的写照，真可称得上生动形象，入木三分。

人的欲望是很难满足的。因此，我们不能放任自己的私欲自由发展，甚至用种种不合法的手段去满足自己的私欲。如果这样的话，只会贪小失大，适得其反。正如《伊索寓言》所说："有些人因为贪婪，想得到更多的东西，却把现在所拥有的也失掉了。"

我国古代南朝的尚书令王僧达，从小聪明伶俐，但却养成了傲慢的性格。孝武帝即位时，他被提拔为仆射，位居孝武帝的两个心腹大臣之上。王僧达也因此更加自负，以为自己在当朝臣子中无人能及，在朝时间不长，就开始觊觎宰相的位置，并时时流露出这一想法。谁知，事与愿违，就在他踌躇满志之时，却被降职为护军。此时，他仍没有醒悟，依然惦记着做官，并多次请求到外地任职。这又惹怒了皇上，被再次削降职位。此次，他因羞耻而生怒气，对朝政看不顺眼，发表了许多议论。所上奏折，言辞激昂，终于被人诬为串通谋反而赐死。

王僧达的死，根本原因在其贪心上。因为，按照他的年龄、资历、辈分，没几年就升到重要的仆射一职，已属不易了。也许是太顺当了，他难免会想入非非，以为"一人之下，万人之上"的宰相非他莫属了，并且易如探囊取物般。岂料，事情的发展有许多是不以人的意志为转移的。于是，一失足成千古恨，王僧达最终遭到灭顶之灾。所以，是追名逐利的贪心送了王僧达的性命。

《老子》第四十六章说："祸莫大于不知足,咎莫大于欲得。"意思是说,祸患没有比不知足更大的了,过错没有比贪婪更大的了。不知足会引人进入无止境的求利之路,而无止境的追求利益,恰恰会得到损失利益的结果。

老子道家学说的继承人庄子,对先哲的思想有着深刻的体会。在庄子看来,无私是人的立身之本。一个人有了私欲,就会利欲熏心;利欲熏心就会迷惑自己的心志,自己的心志一旦被迷惑,那就连自己的生命都难以保住,至于事业、生活,那就更谈不上了。这就是利令智昏的结果。

庄子把利欲熏心比喻为眼观浊水,而把心境淡泊比喻为处于清渊。他认为,人一旦观于浊水,就会忘记清渊,而这种利令智昏,也就失去了人的纯洁本性,最后必定要遭殃。《庄子·山木》篇中,就讲了一个"观于浊水忘清渊"的故事,故事是这样的:

庄子在一个名为雕陵的栗园里面游玩,突然从南面飞来一只奇特的大鸟。只见这只鸟翅膀有7尺长,眼睛有1寸大,翅膀擦着庄子的额头飞过,但并没有感觉到庄子的存在,最后径直落在栗林之中。

庄子心里想:"这是什么鸟呀?长这么大的翅膀却不远飞,

长这么大的眼睛却看不见人?"于是,他撩起衣服,加快了脚步,赶到栗林之中,并拿出弹弓,准备将这大鸟射下来。

到了大鸟面前,庄子终于明白了。原来大鸟之所以不远飞而仅飞到这里,之所以睁着一双大眼睛而看不见他,其目的是为了捕捉一只螳螂。

庄子再一仔细观察,见栗林中还有一只蝉,正借着栗树的阴凉,在那里美滋滋地休息。可是,正因为它找到了一个好的休息处所,只顾着享受,忘记了自己处境的危险,没有预料到在它的附近,已经有一只螳螂向它伸出了双爪,并在瞬间捉住了它。

具有戏剧色彩的是,这只螳螂由于捉住了蝉后得意忘形,却忘记了隐蔽自己的身体,被大鸟在空中飞过时发现。于是,大鸟俯冲下来要啄食它。而正因为这只大鸟专注于啄食那只螳螂,结果连庄子这么大一个人也没有看见,以至于当庄子要用弹弓射它的时候,它还全然不知自己已经到了危险的关头。

看到这种情形,庄子很是感叹。他深为这几只小动物悲哀,觉得它们太不懂得生命的轻重了。为了眼前的些许利益,忘记了上天给它们的自然生命,忘却了贪恋眼前利益可能会给自己的生命带来的危害。同时,庄子也感到自己陷入了这种悲剧性的境地。为了捉住那只大鸟,他也忘记了对自己生命的警诫。说不定此时自己也成了谁的猎物呢！

想到这里，庄子吓得出了一身冷汗。他赶忙扔掉弹弓，扭头就往回跑。果然不出他所料，刚才守园子的人见他急匆匆地往栗林中钻，以为他是偷栗子的，正拿着东西要捉他，见他慌忙往园外跑，便在后面追着骂他。

由于这一次经历，庄子3个月都没有到庭院中散步。

一天，庄子的弟子蔺且问庄子："先生为什么这么久都不到庭院中去走一走？"

庄子回答说："我为了得到大鸟的形体而忘记了自己的身体，这就像见到了浊水而忘记了清水一样。况且，我的先生曾经教导我，到了哪儿就要遵从哪儿的规矩。可是我进了雕陵栗园却忘了自己身体的危险，只顾要弄清楚那只大鸟为什么擦着我的额头飞过而看不见我的原委，忘记了自己身处栗林之中，违犯了栗园的规矩，由此遭到了园吏的追逐和辱骂。回来后，我一直在反省自己，因而没有心思到庭院中去。"

《庄子》记载的这个故事，的确发人深省。大鸟的眼睛有一寸大，可是却没有看见庄子，为什么？因为捕捉螳螂的欲望遮蔽了它的眼睛；庄子在栗园中游玩，可是忘记了栗园的规矩，钻入了栗林之中，看不见正在捕捉他的园吏，为什么？因为捕捉大鸟的欲望迷惑了他的心；蝉、螳螂、大鸟与庄子都陷入了物欲的迷茫之中，无法自拔。由此可见，物欲对人心的迷惑作用是多么巨大，人们一旦被物欲所迷惑，就会什么也不顾，甚至连自己最宝贵的生命都会置之脑后，至于家庭、亲朋、事业，这一切的一切，就更不值得一提了。

正因为这样，所以庄子告诫人们，一定要牢牢记住自己的根本，牢牢记住自己的本体，不要陷到那浊水之中，而忘却了自己本来具有的纯洁清渊。否则的话，就会导致身败命丧。

▶ 第三篇

# 放开眼光，
## 没有胸怀就没有未来

# 第七章 心有多大,舞台就有多大

## 心胸开阔的人的世界才能别有洞天

历史上,成功的人物并非有三头六臂、功力过人,而是他们的度量比一般人大。没有宽广的胸怀,就没有宽广的境界,也就没有真正意义上的成功。

虽然一个人一生的成败会由许多因素决定,但是归根结底离不开人自身的性格,而性格中的重中之重又在于一个人的包容心。一个能够包容的人,心静而且虚空。一个具有宽广胸怀的人总是能够比别人看得高、望得远,在他的世界里,总是别有洞天,因此,他能够出奇、出新、出彩。

祁奚，字黄羊，是晋平公时著名的大夫，他是一个忠厚勤恳、宽容豁达的人。

一次，南阳县缺少个县令。于是，晋平公问祁黄羊："谁能够担任这个职务呢？"祁黄羊回答说："解狐可以。"晋平公听了后很惊讶，说："解狐不正是你的仇人吗？你怎么推荐仇人呢？"祁黄羊答道："您是问我谁合适担任县令这一职务，并没有问我谁是我的仇人。"晋平公赞叹不已，接受了祁黄羊的意见，派解狐去任职。让晋平公非常满意的是，解狐果然不负祁黄羊对他的信任，他任职后为民众做了许多实事、好事，受到南阳民众的拥护。

又有一回，晋平公想增加一位军中尉，于是再次请祁黄羊推荐。祁黄羊说："祁午合适。"祁午是祁黄羊的儿子，晋平公不禁问道："难道你就不怕别人说闲话吗？"祁黄羊坦然答道："您是要我推荐军中尉的合适人选，而没有问我的儿子是谁。"有了第一次的经验，晋平公欣然接受了这个建议，派祁午去担任军中尉的职务。结果祁午也不负众望，干得非常出色。

孔子听了这两则故事以后，感慨道："善！祁黄羊推荐人才，对外不排斥仇人，对内又不回避亲生儿子，真是大公无私啊！"

这就是"外举不避仇,内举不避亲"的典故,祁黄羊也因此而名扬千古。做成功一件事有时候并不难,只需要有一颗包容的心。是包容,让祁黄羊不在乎无关紧要的细枝末节,而直指问题的核心;是包容,让祁黄羊没有人性弱点的阴影,不受自我感情的约束,而只是就事论事。

世界上的一切矛盾皆因不能包容而生,自然界因无法包容而有云雨风暴;人类因无法包容,而有冲突纠葛。没有包容之心,仅凭一时热血而肆意妄为,最终会害人害己,世间有多少的悲剧是由于不懂谦让、不能包容、不会放弃仇恨且过于执着仇恨所造成的。

针对鲁莽型的人,一方面需要其家人、亲朋好友善意地批评、监督和提醒,同时,其本人也要在与他人的交往中有自我批评和理智和克制的意识,一旦与他人发生冲突时应提醒自己保持冷静,学会克制自己的情绪。方法如:即将发怒前可深呼吸,想象鲁莽行事的严重后果或者类似的琐事酿出大祸的事例等。古人云"万事先思而后行",这句话也许能给陷入纠纷中的人们以启示。

此外,至于那种心胸狭隘报复型的人,大多在日常生活中不能容忍他人,经常怀疑他人说自己坏话等。这种人的自我意识和虚荣心、自尊心过分强烈，哪怕受到微小的伤害，也会顿觉不满、牢骚满腹，甚至找机会和对方过不去，伺机报复后自我心理才感到平衡。这样的人在平常与人交往中，应该有意识地加强气度的锻炼，例如：在无人处大声高喊，发泄心中怒气、参加剧烈的体育运动、听听音乐、唱唱歌以转移注意力等。

现实生活中，邻里纠纷、债务纠纷，甚至朋友间的争执,经常发生，而作为当事人不仅要保持冷静，更重要的是要有法制意识。一旦与他人发生纠纷，就要通过正常渠道来维护自己的权益，但易躁易怒的人却往往因此失去理智，采用辱骂的方式以泄私愤，甚至用暴力等手段将原本常见的普通纠纷上升为恶性案件。这样做不仅无助于事情的解决，反而会使事态恶化，给他人及其家庭带来极大的伤害，而自己最终也会受到法律的惩处，悔恨终身。

打开心胸，也许就可以打开更广阔的人生天空。有一个宽广的胸怀，就会有一个精彩的人生。

## 敞开心怀，在纷乱的生活中才不致大乱阵脚

其实拥有一个理想的心态并不难。"横看成岭侧成峰，远近高低各不同"，同一人和同一事，人们以不同的心态、不同的角度去看会有不同的结论，就会产生不同的情绪。与其在消极心态中自我折磨，倒不如改变自己的心态，积极乐观地去面对。

有个高三的学生高考前两天做了两个梦，第一个梦是梦到自己在墙上种菜，第二个梦是下大雨，他戴了帽子还打了伞。这个学生起床后回想起这两个梦，心灰意冷，沮丧不已，心想："墙上种菜不是白费劲儿吗？戴帽子打雨伞不是多此一举吗？这不明白地暗示自己考试不成功吗？"

学生的老师听了后说："我倒觉得，你这次一定能考好。你想想，墙上种菜不是高中（种）吗？戴帽子打伞不是说明你这次有备无患吗？这不表明你一定能考好吗？"

学生一听，觉得有理，于是精神振奋地参加考试，居然超常发挥，考上了理想的大学。

明明是一样的事实,学生敞开自己的心怀,改变了自己的心态,就获得了新的力量。只要把心态摆正,面对任何事情都从好的方面想,一定会有利于自己的成长。心态不好的人见什么都心烦,还常跟自己过不去。心态好的人能包容许多东西,最大限度地宽恕别人的过错,不会一遇到不顺心的事就发怒,这样的人自然会和快乐时时相伴。禅师云游,在一个老婆婆家里借宿,一连几天那个老婆婆都在不停地哭。禅师纳闷儿,问她:"您为什么整天都在哭呢?有什么伤心事,可否容我替您讲解。"

老婆婆说:"我有两个女儿,大女儿嫁给了卖布鞋的,小女儿嫁给了卖雨伞的。天晴的时候,我就会想到小女儿的雨伞一定卖不出去,所以忍不住要伤心;下雨的时候,我就会想到大女儿,因为下雨天没有顾客上门买布鞋,所以想想就要流泪。"

禅师说:"原来是这么回事!您这样想不对呀!"

婆婆说:"母亲为女儿担心,怎么不对?我知道担心也是没有用的,但是我就是控制不了自己!"

禅师开导她说:"为女儿担心是没有错,可是您为什么不为女儿感到开心呢?您想想,天晴的时候,您大女儿的布鞋店一定生意兴隆;下雨的时候,您小女儿的雨伞肯定十分畅销,您应该天天为她们感到开心才是呀,怎么会难过呢?"

老婆婆听完禅师的话,豁然开朗,此后每当她想到自己的两个女儿的时候,无论晴天还是雨天,她总是笑嘻嘻的。

拿破仑·希尔说:"把你的心态放在你所想要的东西上,使你的心远离你所不想要的东西。对于有积极心态的人来说,每一种逆境都含有等量或者更大利益的种子,有时,那些似乎是逆境的东西,其实往往中间隐藏着良机。"微笑面对一切,永远积极地生活,这才是每个人都应该拥有的人生态度。

改变心态,可以把恶劣的环境变成对自己有利的环境。心态好、积极的人,像太阳,照到哪里哪里就亮;心态不好、容易消极的人,像月亮,只有初一、十五不一样。心态决定我们的生活,有什么样的心态就有什么样的未来。

很多时候,我们之所以感到生活枯燥无味,是因为我们的心态枯燥乏味。如果想使生活变得有滋有味,就要改变心态——变消极心态为积极心态。只有改变自己的心态,我们才有可能改变自己的生活。

## 做个聪明的糊涂人

一直不肯向官场低头，最后避世归隐的清代文学家郑板桥曾说："聪明难，糊涂尤难，由聪明而转入糊涂更难。放一着，退一步，当下安心，非图后来报也。"为什么说糊涂难？因为糊涂代表着一种妥协。对于那些坚持自己原则的人来说，当然更是难上加难了！

总是会听到有人说自己很累，每天像个陀螺似的转个不停，忙工作、忙学习、忙生活……忙来忙去却感受不到一点儿人生乐趣。其实，这种人全是因为太"聪明"了，所以总是活得不快乐。他们在生活中不懂变通，过于自我，坚守一些无关紧要，甚至是错误的原则。其实，真正聪明的是那些懂得适时以"糊涂"处世的人，他们对那些非原则问题"睁一只眼，闭一只眼"，因而活得更快乐一些。

某位名人写了两句诗评价历史上的两位宰相："诸葛一生唯谨慎，吕端大事不糊涂。"诸葛亮一生处理政务都勤勤恳恳，谨慎小心，不论大事小事都事必躬亲，生怕自己不把关别人就做不好，甚至连责罚军士都要亲自主持，结果54岁就"鞠躬尽瘁，死而后已"了，没能完成先主所托，而且因为他凡事都要自己处理，手下人没有得到历练，在他死后，没有人能独当一面，蜀汉很快就被曹魏灭掉了。他的坚持不仅害己（早逝），而且误国（使蜀汉早亡）。而另一个人物吕端是北宋太宗时的宰相。当初太宗要任命他为宰相的时候，时任宰相的吕蒙正不愿意，因为他知道吕端是一个比较糊涂的人。据说他在地方任职时，政绩虽然很好，但是曾有数次因为喝多了酒而醉倒在公堂之上，他还因为磨不开跟太宗次子魏王的交情给私自贩卖竹木的人开了绿灯而被贬官。宋太宗则认为吕端虽然在这种小事上很糊涂，但是在大事上却一点儿也不糊涂，所以执意任命其为宰相。结果事实证明，吕端在任时为官持重，识大体，并在大是大非面前坚持自己的主张，常常让宋太宗"犹恨任用之晚"。吕端活了75岁，这在现在看来也算是高寿了。吕端只注重大是大非，而对于一些小事毫不在意，处事灵活，这让他不但能够在任职宰相时得到赏识，而且活得也比较轻松。

有句话说："聪明有大小之分，糊涂有真假之分，所谓小聪明大糊涂是真糊涂假智慧,而大聪明小糊涂乃假糊涂真智慧。所谓做人难得糊涂,正是大智慧隐藏于难得的糊涂之中。"吕端就是这样一个小糊涂大智慧之人。所以,一个人要想活得开心快乐,甚至要想有所成就,就要在小事上糊涂,在该坚持原则时一定要坚持;在该放弃、该忍耐时,一定要学会妥协。

非原则性的事情有时要学着装糊涂,给他人留面子,为自己找台阶,而不要使自己和他人都陷入尴尬的境地。"糊涂"是对人、对事的妥协,但有时更是一种技巧。如果整天为一些鸡毛蒜皮的小事而浪费自己的精力,事事和别人计较,争个你死我活,必然会活得很累。只要坚持自己的基本原则不退让,糊涂一点儿,妥协一些,退让几分,往往就会使自己、使他人能更好地生活。

"糊涂"其实才是真正的聪明,只有学会糊涂的人才是真正的赢家。香港某集团派驻马来西亚的精算师(精算师是运用精算方法和技术解决经济问题的专业人士,是评估经济活动未来财务风险的)潘粲昌曾撰写了《学会糊涂,才是赢家》一文来回忆自己的经历:

我是第一位通过英国精算师资格考试的香港人,派驻马来西亚当副总时，是集团内最年轻的总经理。所以相当自负，做起事来总是自以为高人一等，一副精明干练、锋芒毕露的模样。当时，我对业务员有着先入为主的观念，认为他们就是一群贪婪、不老实、会欺骗客户和占公司便宜的"牛鬼蛇神"。而业务员来跟我谈判的时候，也总是认为我很精明、不好惹，警惕性特别高。结果双方总是处在"对立"的立场上，业务员总是认为我不可能让自己或是公司吃亏。

我发现这种微妙的人性心理后，开始反省自己的态度，发现过去自己真是太骄傲了，为了替公司把关，总是斤斤计较，表面上赢了这一回，其实最终却都是输了。

痛定思痛后，我收起了过去那副精明外露的嘴脸，试着尊重对方，将彼此放在同等位置上，设身处地为对方着想。有时候甚至把自己放在较低的位置，让对方觉得他比我聪明，是他在主导局面。几次交手下来，我发现自己偶尔装装傻，摆出一副糊里糊涂的样子，反而更容易将事情谈成。虽说难得糊涂，但是我终归是个精算师，亏多亏少当然心知肚明。这是已经事先计算过了的"糊涂"，不会让公司吃大亏，而且还赢得了广大业务员的信任，使公司的业务迅速推广开来。

这位精明的精算师之所以能够使公司的业务推广开来,就是因为他懂得有时要学会跟他人妥协,偶尔在无关紧要的事情上装糊涂,才能将事情处理得更圆融,更能取得成效。

## 身居高位者,往往气量大

人们往往爱用"宰相肚里能撑船"一语来形容人的气量大。这当然是一种很夸张的比喻。其实气量大并不需要有一个大海般的肚皮,而是要有一种排放有害"气体"的能力,这种"气体"可能是上司的批评,也可能是下级的非难;可能是不知情者的无端指责,也可能是忌妒者的恶意中伤。

一个人如果不具备将伤心的话像汽车排放废气一样排泄掉的能力,而是对说话者耿耿于怀,整天生闷气,或是想方设法进行报复,即使肚子大得能驶得下航空母舰,恐怕也不能算气量大的人。

华盛顿在上小学时就开始了不断约束自己的行为,他辛勤地抄写了100多条"怎样成为一名绅士"的准则,其中包括不要在饭桌上剔牙以及同别人谈话时不要离得太近,以免唾沫星子溅在人家脸上等。

1754年,已升为上校的华盛顿率部队驻防亚历山大市,当时正值弗吉尼亚州会议选举议员,有一位名叫威廉·佩恩的人反对华盛顿成为候选人。

有一次,华盛顿就选举问题和佩恩展开了一场激烈的争论,其间,华盛顿失言——说了几句侮辱性的话。身材矮小、脾气暴躁的佩恩怒不可遏,挥起手中的山核桃木手杖将华盛顿打倒在地。

华盛顿的部下闻讯而至,要为他们的长官报仇雪恨,华盛顿却阻止并说服大家退回了营地,一切由他自己来处理。翌日上午,华盛顿托人带给佩恩一张便条,约他到当地一家酒店会面。佩恩自然而然地以为华盛顿会要求他进行道歉以及提出决斗的挑战,料想必有一场恶斗。

到了酒店,大出佩恩之所料,他看到的不是手枪,而是酒杯。华盛顿站起身来,笑容可掬,并伸出手来迎接他。"佩恩先生,"华盛顿说,"人都有犯错误的时候,昨天确实是我的过错,你已采取行动挽回了面子,如果你觉得已经足够,那么就请握住我的手,让我们做个朋友吧!"

这件事就这样皆大欢喜地了结了。从此以后,佩恩成了华盛顿一个衷心的崇拜者和坚定的支持者。

在生活中,如果你受到羞辱,不妨与对方坐下来一同谈谈,告诉对方这样做对你不起什么作用,受到羞辱的只是对方,而你是不会介意的。如果受到批评,先反思一下自己是不是真的有毛病,如果没有毛病再去想一想对方的思维方式是否与你不同,站在对方的角度再去考虑一下事情的因果。如果受到诬陷,你不妨同对方一起把事情解决明了,不必与他争论是非,事实是最有说服力的。

中国有句古话,叫"量小非君子"。抛开成败、得失不谈,一个人的气量是大是小,能够从根本上体现一个人的品质优劣。至少,气量大一点儿,可以做到不那么令人讨厌。

## 第八章　相逢一笑泯恩仇

### 背负着仇恨，犹如负重登山

曾经滨州城内流传着这样一个故事。

一个更夫来到医院，他全身水肿，皮肤已呈黄白色。值班医生李忠为他切脉检查后，认为他已病到晚期，没治了，叫他回去"料理后事"。更夫哭丧着脸出了医院，正巧碰上来接班的大夫龚士君，龚士君重新为更夫诊察了一遍，发现更夫的病是由于长期使用一种有毒的驱蚊香而引起的。于是，他给更夫开了一副解毒药。更夫服用后，不久便痊愈了。

这件事很快传到李忠的耳朵里。李忠觉得龚士君是有意贬低别人，抬高自己。二人同住一条街，名声本不相上下，经常有好事者拿他俩比高低，故此二人早有嫌隙。

几年后，龚士君80多岁的母亲生病了。按病情应服"白虎汤"，但龚士君因担心药力太猛，母亲年老体弱经受不起，所以不敢使用，只是开了几剂药力较缓的药给母亲服用，结果病情总不见好转。

李忠听说此事后，从侧面了解到龚母的病情，便对别人说："此病非用'白虎汤'不可。只要对症下药，药力猛一点儿怕什么？"有人把这话传给了龚士君。龚士君虚心采纳了这个建议，给母亲服用了"白虎汤"，病果然好了。为此龚士君登门致谢，李忠说："行医之人，以救人为本分，怎么可以计较个人恩怨呢？"于是二人的仇怨彻底化解。

人生于世，人际间的摩擦、误解和恩怨总是在所难免的。如果心中总是装满了仇恨，永远背负着仇恨，生活只会如负重登山，一步比一步艰难，最后，只会堵死自己的路。

约翰·塞巴斯蒂安·巴赫是一位伟大的音乐家，从小就表现出音乐方面的才能。他的成长过程历尽了艰辛，甚至连他的哥哥也"暗算"过他。巴赫的哥哥是一位风琴弹奏者，对弟弟的才华非常忌妒。为了不让弟弟超过他，他把一本珍贵的乐谱藏了起来。但是巴赫还是在壁橱里找到了这本乐谱——它被锁在那里。他把乐谱带回了自己的房间,半夜起来抄写,不点一根蜡烛,全靠月光。他的哥哥还是发现了这个秘密,狠心地拿走了乐谱和抄好的副本。但巴赫想:"一本乐谱就能难住我吗?"他四处拜师,勤学苦练,最终成为无人匹敌的风琴演奏手。

他的哥哥靠演奏风琴为生,很想拜弟弟为师,提高自己的技艺。巴赫知道了哥哥的心事,主动找上门,诚恳地表示自己愿意提供帮助。哥哥简直不敢相信自己的耳朵,眼里噙满了泪花,紧紧地抱住了弟弟。在巴赫的帮助下,他也成为一位很有名气的风琴演奏手。

能够用宽容的心去对待他人,化解怨恨,还有什么事情能够使你愤怒痛苦呢?懂得了包容,也就拥有了爱、拥有了友情和亲情。

包容,可以使你表现出良好的修养,同时也能引发别人的回响。做人的度量非常重要,包容乃是人类性格的空间。懂得包容别人,自己的性格就有了回旋的余地,就不容易发脾气、闹情绪、当面跟别人起冲突了。

唐朝有个大将叫郭子仪,他平定了安史之乱,并且在外族入侵中屡立奇功，在保护大唐江山的稳定上起到了至关重要的作用。人红必遭人忌，太监鱼朝恩是皇帝身边的大红人，因为忌恨皇帝对郭子仪的盛宠，就想方设法要置他于死地。郭子仪率兵在外征战，辛苦万分，可是鱼朝恩竟暗地里派人挖毁了郭子仪父亲的墓穴，抛骨扬灰。当郭子仪凯旋之时，朝中大臣无不以为会掀起一场争斗，不料当代宗皇帝忐忑不安地提及此事时，郭子仪伏地大哭，说："臣将兵日久，不能禁阻军士们残人之墓，今日他人挖先君之墓，这是天谴，不是人患。"按常人的思维，这是辱灭祖宗的事，本来郭子仪可以借此大闹一番，可是家仇的烈焰竟被他包容的泪水熄灭。

随着郭子仪屡获战功，在朝中日益得到皇帝的信任，鱼朝恩因为与郭子仪有过节，害怕得势的郭子仪会报复自己。于是，他想先下手为强，就在家中摆下"鸿门宴"，然后请郭子仪赴宴。鱼朝恩的险恶用心连郭子仪的下属都看得一清二楚，他们极力劝阻郭子仪不要去。郭子仪淡淡一笑，不以为意，居然答应了鱼朝恩的"邀请"，而且轻装便从，只带了几个家丁。鱼朝恩见了惊讶不已，在得知实情后，这样一个大奸臣居然号啕大哭，从那以后，他处处维护郭子仪，再也不与郭子仪为敌了。

郭子仪面对敌人几次三番的打击和陷害,反而处处回护和包容,一代奸臣都被他的胸襟和气魄感动了,他以包容化解了一个敌人,为自己增加了一个支持者。

## 仇恨永远不能化解仇恨,只有爱可以

佛家曾有慧语:"仇恨永远不能化解仇恨,只有爱才能够彻底化解仇恨。"

一次富兰克林在台上演讲时,有个人一直在台下窃窃私语,富兰克林说到兴奋之处,那人却讥讽地哈哈大笑。

富兰克林有权利阻止这个对自己充满敌意的人的行为,但是他没有。他总是面带微笑看着他,然后继续自己的演说。

富兰克林知道那人喜欢藏书,有次在议会大厦的大厅里遇上了那个人,富兰克林说:"我有许多珍贵的藏书,不知你有没有兴趣?"

那人吃了一惊。

富兰克林把家中的许多藏书都赠给那人,他们之间有了接触,谈论的话题从书籍发展到政见。最后,他们成为了挚友。

生活中,我们难免遇到对手,我们可以和他们针锋相对,和对手斗争到底,也可以忽略对手,不与对手计较。

但是,大家不妨想一下,若是争斗起来,可能会争斗到天昏地暗。若是忽略对方则需要豁达和操守,淡然看待对手的挑衅,则需要更宽广的胸怀。

与人争斗是容易的,但要笑脸面对对手,把对手引为知己,却并不容易。然而,如果我们能以一颗宽恕的心豁达地对待对手,就会发现,其实将对手变为朋友会带给我们太多意想不到的收获。

苏联著名作家叶夫图申科在《提前撰写的自传》中,讲到这样一则十分感人的故事。

1944年的冬天,饱受战争创伤的莫斯科异常寒冷,两万德国战俘排成纵队,从莫斯科大街上依次穿过。

尽管天空中飘着大片大片的雪花,马路两边依然挤满了围观的群众。大批苏军士兵和治安警察,在战俘和围观者之间"画"出了一道警戒线,用以防止德军战俘遭到围观群众愤怒的袭击。

格局

这些老少不等的围观者大部分是来自莫斯科及周围乡村的妇女。她们之中每一个人的亲人，或是父亲，或是丈夫，或是兄弟，或是儿子，都在德军所发动的侵略战争中丧生。这些人都是战争最直接的受害者，都对入侵的德军怀着满腔的仇恨。

当大队的德军俘虏出现在妇女们的眼前时，她们全都攥紧愤怒的拳头。要不是有苏军士兵和警察在前面竭力阻拦，她们一定会不顾一切地冲上前去，把这些杀害自己亲人的刽子手撕成碎片。

俘虏们都低垂着头，胆战心惊地从围观群众的面前缓缓走过。突然，一位上了年纪、穿着破旧的妇女走出了围观的人群。她平静地来到一位警察面前，请求警察允许她走进警戒线好好看看这些俘虏。警察看她满脸慈祥，没有什么恶意，便答应了她的请求。于是，她来到了俘虏身边，颤巍巍地从怀里掏出了一个印花布包。打开之后，里面是一块黝黑的面包。她不好意思地将这块黝黑的面包，硬塞到了一个疲惫不堪、拄着双拐艰难挪动的年轻俘虏的衣袋里。年轻俘虏怔怔地看着面前的这位妇女，刹那间已泪流满面。他毅然扔掉了双拐，"扑通"一声跪倒在地上，给面前这位善良的妇女重重地磕了几个响头。其他战俘受到感染，也接二连三地跪了下来，拼命地向围观的妇女磕头。于是，整个人群中愤怒的气氛一下子改变了。妇女们都被眼前的一幕深深感动,纷纷从四面八方拥向俘虏,把面包、香烟等东西塞给这些曾经是敌人的战俘。

故事以这样一句发人深省的话结尾:"这位善良的妇女刹那之间便用宽容化解了众人心中的仇恨,并把爱与和平播种进了所有人的心田。"

因此,多一个敌人,远不如减少一个敌人好。只要我们主动伸出和解之手,化解彼此之间的矛盾,我们就能减少一个敌人,而增加一个肝胆相照的好朋友。

## 得饶人处且饶人,小错小误应宽厚

宽容是做人的一种高尚品质,也是一种值得赞赏的品质。但是,看见别人做了不好的事情而帮其隐藏几分,这似乎就与人们惯用的处世原则相抵触了。而明人吕坤却认为这样宽厚地待人,可以使自己胸怀宽阔。或许有人对这种说法持有怀疑的态度,但是这也是做人的一种大智慧,古人曾多次运用。

格局

南宋时期,有一个名叫沈道虔的人,他家里有一个菜园,菜园里种着萝卜。这一天,沈道虔外出归来,发现有一个人正在偷他家的萝卜,于是他赶紧回避,等那个人离开了才出来。还有一次,他家屋后的竹笋刚破土,就有人来拔,沈道虔便让人去对拔竹笋的人说:"留着这些竹笋,它们可以长成竹林。你别拔它,我会送你更好的。"之后他便让人买了大笋送给了那人,那人感到十分羞愧,并没有接受。沈道虔就让人把大笋直接送到了那人家里。沈道虔家贫,常带着家中小孩去田里拾麦穗。偶尔会遇到其他拾麦穗的人相互争抢麦穗,这时他就会把自己拾到的麦穗全部给争抢的人,使争抢的人感到非常惭愧。

曹操的曾祖父曹节素以仁厚著称乡里。有一次,邻居家跑丢了一只猪,而这只猪恰巧与曹节家的猪长得一模一样。于是邻居便来到曹节家中,说那是他家的猪。曹节也不与他争,就把猪给了邻居。后来,邻居家的猪又找到了,邻居知道自己搞错了,便赶紧把曹节家的猪送了回来,并连连道歉,而曹节却只是笑笑,并没有责怪邻居。

这两则故事里的古人,都为"别人不好处"掩藏了几分。沈道虔和曹节表面看来无是无非,甚至显得有些窝囊、懦弱。但实际上，却可以看出他们为人宽容厚道。偷萝卜、拔笋、争麦穗，都是不好的行为，可是是因为家贫他们才这样做，这也是无奈之举，又何必深责呢？替他掩藏几分，反倒能使他自惭改过。邻居错认猪，尽管有自私的一面，但失猪对一般人家来说毕竟是一个大损失，情急之下认错了，也是能够理解的。曹节一心为他人着想，宁可自己吃亏，这正是胸襟宽阔、与人为善的表现。

这里需要说明的是，吕坤所说的"掩藏别人不好处"，是说掩藏"别人"——我们的朋友、同事、邻居的一般过错，特别是针对我们自己所犯的过错，是"人民内部矛盾"，并非包庇犯罪之类的事，这是不可以混为一谈的。

对有些人的一般"不好处"不采取粗鲁的方法来公开揭穿打击，而是厚道待人，是为了要让他惭愧反省，否则，就有可能伤害到他的自尊心，甚至使事情恶化。倘若对别人所犯的一丁点儿小错就上纲上线，深揭狠批，那么人与人的关系会变得越来越紧张，甚至使大家变得冷漠、自私、尖刻、不容人，相互间缺少信任和友善，只剩下利益关系。

无凭无据地对他人产生猜疑，其实也说明了我们缺乏对他人最基本的信任、仁爱和与人为善的宽大胸怀。

## 包容对手,才是双赢

生活中我们每个人都有对手。这些对手可能是我们的同事、我们的朋友以及我们的敌人。对手总会给你带来压力,逼迫你去努力地投入到"斗争"中去,并想办法成为胜利者。在同对手的对抗中,你可能会被千方百计地排挤、打击。

这不禁让人想到了螃蟹文化:篓子中放一些螃蟹,不必盖上盖子,螃蟹是爬不出去的,因为只要有一只想往上爬,其他螃蟹便会纷纷攀附在它的身上,结果是把它拉下来,最后没有一只出得去。自私是人的天性,尤其是利益当前,有的人克服不了这样的劣根性。此外,见不得别人好也是一般人的通病,就像篓子里的螃蟹。常有一些人,不喜欢看到别人的成就与杰出表现,不愿意看到别人比自己强,天天想尽办法破坏与打压别人。

在现代职场上,不可避免地存在着竞争。适当的竞争能够促进一个人的成长,一个没有对手的人必定会成为一个不思进取的人。生活中出现对手不是一件坏事,相反,竞争对手会让我们充满活力。因此,有了竞争对手,不要整天盘算着如何打击对方,而是从欣赏的角度处处学习对手,并以对手的标准来要求自己。欣赏对手比打击对手更能从中得到成长。在与对手竞争时,要抱着欣赏对手以及向对手学习的心态,以对手的长处来弥补自己的短处,这样才可以提高自己,战胜竞争对手,再面对更强的对手。

1957 年,当时还默默无闻的约翰·列侬在一次小型演出中认识了 15 岁的保罗·麦卡特尼。演出结束后,保罗批评约翰唱得不对,吉他也弹得不好,约翰很不服气。于是保罗用左手弹了一段动听的乐曲,向约翰展示了他的天赋,而且他能记住所有的歌词,这让约翰大为惊讶。约翰想,与其让这小子成为自己将来的敌人,还不如现在就邀他入团。就在这天,20 世纪最成功的音乐搭档诞生了,约翰和保罗携手合作,组建了"披头士"乐队。这支乐队后来风靡全球,成为历史上影响最为深远的乐队。

其实,人只有在群体中才能实现自我价值和社会价值,只有被他人和社会认可才能算是成功。别人好,自己未必就会损失利益,自己好的当下,也应该尽量想到不要给别人造成伤害,如此一来,人际关系自然畅通无阻,拥有"我好,你也好"的双赢精神,才能促进人际交往的顺利,才能到达成功的彼岸。

西点军较卓越的毕业生——统率北方军的格兰特将军和领军南方部队的罗伯特·李将军,这两位昔日的同窗校友因各为其主而成为战场上的对手。结果,格兰特技高一筹,最终迫使罗伯特·李俯首称臣。然而,格兰特一生最敬重的人却是他的对手罗伯特·李,并且多次在公开场合称赞罗伯特·李。

大部分的人一陷身于争斗的旋涡中,便非逼得对方鸣金收兵或竖白旗投降不可。然而这么做虽然让你吹响胜利的号角,但却也是下次争斗的前奏。明智的做法就是放对方一条生路,让他有个台阶下,为他留点儿面子和立足之地。这不太容易做到,但如果能做到,则好处多多。

在一场NBA决赛中,公牛队中的一位新秀皮彭独得33分,超过乔丹3分,成为公牛队中比赛得分首次超过乔丹的球员。比赛结束后,乔丹与皮彭紧紧拥抱着,两人泪光闪闪。

这里有一个乔丹和皮彭之间鲜为人知的故事。当年乔丹在公牛队时,皮彭是公牛队最有希望超越乔丹的新秀,他时常流露出对乔丹不屑一顾的神情,经常说乔丹某方面不如自己,还说自己一定会把乔丹推倒一类的话等。但乔丹没有把皮彭当成潜在的威胁而排挤他，反而对皮彭处处加以鼓励。

有一次乔丹对皮彭说："我们的三分球谁投得好？"皮彭有点儿心不在焉地回答："你明知故问什么，当然是你。"因为那时乔丹的三分球成功率是 28.6%，而皮彭是 26.4%。但乔丹微笑着纠正："不，是你！你投三分球的动作规范、自然，很有天赋，以后一定会投得更好，而我投三分球还有很多弱点。"并且还对他说："我扣篮多用右手，习惯性地用左手帮一下，而你左右都行。"这一细节连皮彭自己都未注意到。他深深地为乔丹的无私所感动。

从那以后，皮彭和乔丹成了最好的朋友。而乔丹这种无私的品质则为公牛队创造了难以击破的凝聚力，从而使公牛队创造了一个又一个的神话。乔丹不仅以球艺，更以他那坦荡无私的广阔胸襟赢得了所有人的拥护和尊重，包括他的对手。

这种强者有理、有力的退让，是一种宽容。强者宽容他人的过失，避免了无谓的争斗。宽容是一种气度、一种胸怀。你可以地位低下，也可以资质平庸，但你不能没有宽容之量。

学会关爱别人，这是件很难做到的事，因为这是件需要付出感情和心血的事。就因为难，所以人的成就才有高下之分、大小之别。

## 放下仇恨,就是放过自己

俗话说:"冤冤相报何时了?"人们为什么不能将一切恶行止于自己呢?虽然说人性中善恶并存,但是人真的就非要向恶而不从善吗?答案无疑是否定的。既然是否定的,那么我们首先应该摆正自己的位置,怀有一颗理解、包容、至爱之心,而不是冤冤相报、仇视报复的心理。别人可能的确做了伤害你、对不起你的事,但你既不是审判者又不是执法者,不能用自己的方式去惩罚他人。

一个人的心结如果打不开,最终是苦了自己、害了自己。心结产生心魔,在束缚自己、折磨自己的同时,还会波及他人。俗话说:"心病还需心药医。"解开心结的药就在自己的心里,放过自己,给自己松开心灵的束缚;放飞心灵,去欣赏世界的广阔和美丽。

记住恩德,我们就生活在温情和幸福之中了;记住仇怨,我们的生活就会被冷酷和怨恨所笼罩。所以,我们要用包容的心去感恩生活、感恩身边的人，在恩德中生活，而不要生活在仇怨中。然而，我们如何才能亲近恩德而远离仇怨呢？世间万物都在发展变化之中，随着环境的变化心境也随时发生着变化，我们又何必让已经过去的、无意义的仇怨折磨自己呢？全身心地没入当下，包容过往的种种波折，包容对你心存敌意的人，包容自己曾经犯下的错误，不要跟别人心存芥蒂，也不要跟自己过不去，忘记仇怨，老天定会还你一个美好的未来。当你遇到所谓的不公平待遇时，请不要心怀愤恨，也不要惦记着以牙还牙，用宽恕的心来看待，呈现在你面前的就是一片美丽新天地。

翻看任何一个有关报复的案例，我们都会发现，报复是一件可怕的事，表面上看来似乎是快意恩仇，但是报复往往是一把双刃剑，在你将剑刺进对方身体与心里的同时，也伤害了自己。在生活中有很多人也许没有过激的言行，但是却会在内心深处埋藏着对他人的仇恨，虽然由于自制力强没有酿成大祸，但那份埋藏的仇恨却像一头野兽一样撕咬着他的内心，很苦也很累。仇恨不是解决问题的唯一方式，当别人以恶劣、无理的态度对待我们时，我们要学会用慈悲心去包容，以理智去面对，而不是仇恨和报复他人。让我们看看下面这位年轻人的做法。

有一对青年男女相爱了,可是女方的父亲嫌男青年文化低,家里又穷,就是不同意,而且还出言不逊,羞辱于他。

然而,这对恋人爱得很深,他们不顾家人反对,执意结婚。结婚后,女方的父亲不许他们进家门,从此父女关系决裂,几年间互不来往。后来,父亲年纪大了,身体不好,思想有些松懈,可又不好意思向晚辈低头。

还是女婿想得开,觉得这样僵持下去对任何一方都没有好处。他想,人都可能犯错,自己作为年轻人不应该苛求老人,考虑到老人的面子,他决定抛弃前嫌,主动言和。于是,在老人七十大寿时,他托人送去蛋糕和生日贺卡。接到礼物后,老人一改固执的态度,叫女儿和女婿回家。

不久后,老人中风偏瘫,女婿请假到医院日夜守护,细心照料,老人被感动得痛哭流涕。

老人说:"以前是我糊涂,对不住你们。"

女婿说:"您别这么说,我们是晚辈,孝敬您是应该的。"

就这样,一家人又走到了一起,实现了大团圆,而且年轻人赢得了众人的好评,都夸他做得对。事实证明,如何处理前嫌、面对恩怨是对一个人人格品性的考验,在高尚的人格目标的激励下,人们的言行往往也会高尚起来。其实,人们是否对往事耿耿于怀,还是与看问题的角度有关的。有些人遇事时头脑发热,主观偏激,出言不逊,把矛头直指对方,事过之后依然怨愤难平,总感觉对方对不住自己,心理不平衡,自然难以走到一起。如果这些人头脑冷静一些,转变一下看问题的角度,多从当时发生问题的客观条件、对方的处境去考虑,就会变得客观一些,会得出不同的看法和结论,进而原谅对方的过失,产生和解的愿望。

"是非恩怨不放心头"并不是软弱,一个懂得"原谅"二字的人,原谅会成为他的无形武器,既可以避免因仇恨卷入复仇无益的旋涡,也可以克服对他不利的敌人,而且可以更进一步,化敌为友。

1998年2月,一名精神病患者突然冲进一户人家。主人那正值花季的女儿在这场事件中被无辜地砍死了。女孩的父亲痛苦不堪。他恨透了这名凶手,是他让自己失去了爱女!

时间的流逝并没有淡化他的痛苦。每当想起这让人悲愤伤心的场面,他的心就像激起了千层巨浪,久久不能平息。这使他终日生活在痛苦之中。

后来,他决定向心理医生寻求帮助,得到的答案是:放下以前伤心的包袱，才能获得新生。他尝试着这么做了，开始时很痛苦，但慢慢地，他还是抛开愤怒，将所有的时间用来宽恕他人，以帮助自己和他人获得心灵的平静。最后他竟做到了常人所无法想象的事：他原谅了那位砍杀爱女的凶手。

他在日记中写道："我原谅这名凶手，不为别人，更不是高尚无私的表现，而仅仅是为了我自己。我希望自己能从生活的阴影中走出来，快快乐乐地活下去。"

赦免他人，原本是上帝的权力。但是，宽恕你的敌人，就是你灵魂选择的问题。当你坚强勇敢、宽宏大度地迈出这一步时，你才会摆脱心灵的束缚。到了此时，宽恕才能使你获得新生！

有一个动不动就心怀怨恨的人，他觉得生活很沉重，便去见哲人，寻求解脱之法。哲人给他一个空篓子让他背上，然后指着一条沙砾路说："你每走一步就捡一块石头放进去，看看有什么感觉。"那人走到了头，哲人问："有什么感觉？"那人说："越来越沉重。"哲人说："这也就是你为什么感觉生活越来越沉重的道理。当我们来到这个世界上时，每人都背着一个空篓子，有的人每走一步都要从这世界上捡一样东西放进去，所以才会越走越累。如果你想过得轻松些，就要学会舍弃一些不必要的负担。而你的仇恨是你最大的负担，要想快乐，你必须学会忘记仇恨。"

## 在办公室里，学会化敌为友

人与人之间，或许会有不共戴天之仇，但是，请记住：敌意是一点一点增加的，也可以一点一点削弱。中国有句老话："冤家宜解不宜结。"同在一个屋檐下，低头不见抬头见，少结冤家方为做人成熟的表现。

人与人之间难免会有过节，有心机的人会大事化小，小事化了，但化解敌意也需要技巧。

"如何化敌为友"，在办公室的战场上是一门高深的学问。

同事曾经与你为一个职位争得头破血流，不过，今天你俩已分别为不同部门的主管，虽然没有直接接触，但将来的情况又有谁晓得？所以你应该为将来铺好路。

如果你无缘无故去邀约对方或送礼给他，未免太突兀，也太自贬身价了，应该伺机而动才好。例如，从人事部探知他的出生日期，在公司发动一个小型生日会，主动送礼物给他……记着：没有人能抗拒好意。

要是对方擢升新职，这就是最佳的时机了，写一张贺卡，衷心送出你的祝福；如果其他同事替他搞庆祝会，你无论多忙碌，都要抽空参加，不然就私下请对方吃一顿饭，恭贺之余，不妨多谈大家在工作方面的喜与乐，对过往的不愉快事件绝口不提，从而拉近双方距离。

记着，这些亲善工作必须提前抓紧机会去做，否则到了你与他有直接接触时才行动，就太迟了，也只会给人"市侩"之感。

你本着默默耕耘、恪尽职守的原则做事，可是公司里的同事有了变化，旧同事已另谋高就，新同事愈来愈多，渐渐地你竟有与他们格格不入之感。这是因为你一直以来不太关注周遭的人事变化，没有刻意与他们熟络所致。

补救的方法不是很困难，挑一个特别的日子（目的只是师出有名），例如顺利完成一个计划后或你的生日，请同事吃一顿饭。这一顿饭意义重大，别忘记以下任务：趁机多了解每一位同事的背景，包括公与私，这对你有莫大的好处，方便日后的工作。

凭借熟络这一点，加入他们的午饭圈，当然不必天天如此，这样既太突兀，对你也未必适合，一个星期安排两天就够了，目的是与他们保持一定的联系，同时可以获取公司里一定的情报。除了午饭，下班后一起去娱乐一番也是好主意。远离了办公室，所有人都会放轻松，谈起话来也随便得多，更易熟络。

此外，公事方面，无论多熟稔，还应公事公办，但自己有空，不妨多向同事伸出援助之手，主动一点儿是必需的！

人是感情动物，在愉快的气氛下工作可收获事半功倍之效，不妨多关心别人、体贴别人，增加亲切感，做起事来就更好办。从今天起，努力做个受欢迎的人吧！成功处理好同事之间的关系，你将来获得升迁的机会也会相继大增！

笑容是最犀利的武器。当你托同事把文件做妥，说声"麻烦你"，加一个笑容，他会被你的友善所感染；或者同事把做好的计划书交给你时，别忘记谢谢他和微笑一下，这不但是礼貌，亦是感谢的表示。任何人都喜欢得到赞美，说一些别人爱听的话，只要不是谎话，便不算埋没良心。切莫对同事大叫大嚷，这不但不礼貌、不友善，还表示你缺乏信心。

当你遇上难解的死结，情绪极其低落时，更需要微笑，抛开烦恼，跟同事们谈笑，借此把恶劣的心情冲淡，使精神集中于工作上。

不要自扫门前雪，若同事需要你的帮忙，不应吝啬，要尽力而为，即使不会立刻获得回报，但你的投资是不会白费的，起码他会认为你是个大好人。

如果你做错了事，且影响到别人，应立即道歉。勇于认错的人并不多，这样做自然会给对方留下深刻的印象。还有，设身处地地去感受他人的心态，再给予支持，如此没有人会不喜欢你。

你与某同事在某事上持不同意见，又互不相让，以至于言语上有冲突，而你最失败的一点是，列出了过去三个月来，这位同事做过的所有错事。如今，你感到后悔不已，希望把坏情况扭转，并愿意向对方道歉，可是，同事似乎仍处于极度失望和苦恼当中，令你歉疚更深。

其实，最佳和最有效的策略是，向他简单地道歉："对不起，我实在有点儿过分，我保证不会有下一次。"

要是你重提旧事，企图狡辩些什么，只会惹来又一次冲突，同时显得你缺乏诚意，人家日后便再也不会相信你了。记着，你的目标是将事情软化下来，与同事化敌为友。所以，最好静待对方心情好转或平和些时，正式提出道歉。

所谓冤家路窄，你的死对头，或者曾经结怨者，被调到你的部门来，且和你工作关系密切。事实既然摆在眼前，你就必须好好处理。

记住，无论哪一次结怨，谁是谁非，都不要介入工作的讨论范围里，从此只字不提，以免双方公私不分。要是对方先提及，请平心静气，紧盯着他道："我不会记着过去不愉快之事，尤其是在工作时间内，以避免影响自己的情绪。"

或许过往你与拍档工作，一切讲默契、讲信赖，但对这位新同事就必须事事讲清楚，以免有所误解，导致不愉快事件的发生，以致心病愈重。例如交代一件任务，必须清楚指出任务的目标、完成日期和报告书的规划，等等，切莫想当然。

## 第九章　不为宠辱所动，闲看花开花落

### 宽容让心灵更丰盈，境界更崇高

我们需要宽恕心态，但是宽恕心态并非自甘平庸、不思进取，而是以平静的心态耕耘自己人生的土壤，不心浮气躁，不随波逐流，踏踏实实履行自己生命的职责。

如果一个人把宽恕心态误以为是自甘平庸、不思进取，那么他可能就躲在一个僻静的角落里，无所作为，无所贡献。其实奋斗之后再迎接辉煌也是规律。我们不能以追求平凡的生活为借口就不去奋斗，那是背离了自己生命本质的消极厌世。我们要以宽恕心态来面对这浮躁的世界，踏踏实实履行自己神圣的职责，一步一个脚印地走好人生路。

第三篇　放开眼光，没有胸怀就没有未来

人生的道路从来没有一帆风顺的，这就要求我们以宽恕心态去面对挫折，面对困难，面对失意，面对成功，面对顺境，面对得失。不管自己的人生处于怎样的状态，始终要以宽恕心态走好自己的人生路。

李斯是秦朝的丞相，辅佐秦始皇统一并管理中国，立下了汗马功劳。可少有人知，李斯年轻时只是一名小小的粮仓管理员，他立志发愤图强，竟然是因为一次上厕所的经历。

那时李斯 26 岁，是楚国上蔡郡府里的一个看守粮仓的小文书。他的工作是负责仓内存粮进出的登记。

日子一天天地过着，李斯不能说完全浑浑噩噩，但也没觉得这有什么不对。直到有一天，李斯到粮仓外的一个厕所解手，这样一件极其平常的小事竟改变了他的人生态度。

李斯进了厕所，尚未解手，却惊动了厕所内的一群老鼠。这群在厕所内安身的老鼠瘦小、干枯，探头缩爪，且毛色灰暗，身上又脏又臭，让人恶心至极。

李斯看见这些老鼠，忽然想起了自己管理的粮仓中的老鼠。那些家伙一个个吃得脑满肠肥，皮毛油亮，整日在粮仓中大快朵颐，逍遥自在。与厕所中这些老鼠相比，真是天上地下啊！人生如鼠，不在仓就在厕，位置不同，命运也就不同。自己在上蔡城里这个小小的仓库中做了 8 年小文书，从未出去看过外面的世界，不就如同这些厕所中的老鼠一样吗？整日在这里挣扎，却全然不知有粮仓这样的天堂。

李斯决定换一种活法，第二天他就离开了这个小城，去投奔一代儒学大师荀况，开始了寻找"粮仓"之路。20 多年后，他把家安在了秦都咸阳的丞相府中。

心有多大，你的世界就有多大。有时候，我们常常为一件小事想不开，常常为遭受到别人的冷眼而放弃，也常常在新的东西出现时因恐惧的心态而不去做，因而失去了很多本应属于我们的机会，一次的失去，两次的失去……于是更多的失去，以至于最后永远地失去了……

社会是不公平的，但又是公平的，它会给我们每个人机会，永远遵循社会发展变化的规律，关键在于操作的人会不会巧妙地利用它，让它为你服务。

我们没有必要总抓着生活中的一些小事不放手，看到一朵花、一棵草，甚至于一滴水都觉得那么感伤，日复一日、年复一年地思考着一个同样的问题却永远也找不到答案。

要记住，心有多大，世界就有多大！

## 比天空更广阔的是人的胸怀

　　维克多·雨果是法国 19 世纪的文学大师,他曾说过这样一句话:"世界上最宽阔的是海洋,比海洋宽阔的是天空,比天空更宽阔的是人的胸怀。"这句话虽然读起来很浪漫,却充满了现实的启示。相传古代有一位老禅师,一天夜晚来到禅院里散步,看到墙角有一张椅子,一看便知有位出家人违反寺规越墙出去了。老禅师也不声张,走到墙边,移开椅子,就地而蹲。没一会儿,果然有一个小和尚在翻墙,黑暗中他踩着老禅师的脊背跳进了院子。当他双脚着地时,才发觉刚才踏的不是椅子,而是自己的师父。小和尚顿时惊慌失措,张口结舌。但是,让人感到意外的是,老禅师并没有厉声责备小和尚,而是语气平静地说道:"夜深天凉,快去多穿一件衣服。"

　　老禅师宽容了小和尚。因为他知道,宽容是一种无声的教育。

　　在日常生活中,当他人出于内心的丑恶,在背后说你坏话、做坏事,这时的你是想伺机报复,还是宽容?当你亲密无间的朋友，无意或有意地做了让你难过的事情，这时的你是想从此绝交，还是宽容？其实，冷静地想一想，还是应该选择宽容，这样无论对自己还是对他人都比较好。

有人说宽容是软弱的象征，其实不然，有软弱之嫌的宽容根本称不上真正的宽容。宽容是人生中一种需要修行才能达到的境界，是一种难得的佳境。

心理学家指出：适度的宽容对于改善人际关系和身心健康都是有益的。这种宽容是指对子女或他人在生活、学习、工作中的过错采取适当的宽容政策，这样能够有效地防止事态扩大和矛盾加剧，避免产生严重后果。有诸多事实证明，无法宽容他人的人，最终也会殃及自身。过于苛求别人或自己的人，必定处于紧张的心理状态之中。由于内心的矛盾冲突或情绪危机难以摆脱，很容易导致机体内分泌功能失调，例如肾上腺素、去甲肾上腺素过量分泌，引起体内一系列生理变化，导致血压升高、心跳加快、消化液分泌减少、胃肠功能紊乱等，并伴有头昏脑涨、失眠多梦、疲倦乏力、食欲不振、心烦意乱等症状。紧张的心理会对内分泌功能产生影响，同样内分泌功能的改变也会增加人的紧张心理，形成恶性循环，危害身心健康。有的过激者甚至会因失去理智而酿成祸端，造成严重后果。而一旦宽恕别人之后，我们的心理会经过一次巨大的转变和净化过程，使人际关系出现新的转机，许多忧愁和烦闷也就能够得到解决或消除。

胸怀宽广，才能包容天下。作为社会的成员，具有宽广的胸怀才能包容别人、包容自己。

## 傻瓜才会制造敌人

世界有多大？地球一家人；人生有多长？七十古来稀；做人有多难？少与人结仇。

在人际关系复杂的社会中，任何一个不起眼的人都可能对你的生活起到至关重要的作用，因为对于只要付出努力就有收获的年代，说不准谁的头顶上就顶着一个大的头衔。

我们永远不会知道，何时会需要眼前这个人的帮助，一时不小心可能又制造了一个敌人。

我们其实是可以避免这种情形的。人生的荆棘已经够多，没有必要再为自己埋入更多的地雷。

如果现在还有人以为有钱人一定会用名牌，没钱的人一定用地摊货，以这种短视眼光来评量的人一定不是太聪明的人。

剑桥大学的校长办公室,来了一对看起来很普通的夫妇,他们对秘书说要见校长,秘书看了看这两个人,心想不是太重要的来宾,请他们坐后,便不愿传达。

3个小时后,秘书发现夫妇俩还在等,无奈之下只好传达,校长不耐烦地出来,问:"请问有何贵干?"

"先生,是这样的,我儿子生前在这所学校很快乐,我们夫妇想用纪念性的建筑来纪念他短暂的生命。"夫妇俩说。

校长看了看他们,说:"这是不可能的,如果每个人死后都想在这里建纪念碑的话,这座校园早成墓场了!"

"不,先生你误会了,我们夫妇俩是要建一座学院来纪念他,并不是要建碑。"夫妇俩急忙解释。

校长和秘书一听,不禁轻笑出声,说:"我们学校的建筑是很讲究的,每一个学院要500万美金,你们付得起吗?"

夫妇俩惊讶地看着校长和秘书。校长和秘书一见他们的表情,在心里轻笑:"不自量力的家伙。"

没想到夫妇俩竟说:"早知道建一座学院只要500万美金,我们不如建一座大学来纪念他。"

夫妇俩走了,留下惊愕不已的校长和秘书,他们没想到其貌不扬的夫妇俩有如此雄厚的财力。

这便是斯坦福大学的由来。

人生的际遇不是我们所能预设的,但我们至少可以做到的是:不要制造敌人。

## 用包容的心态面对生活,方能荣辱不惊

生活中拂逆的事情是很多的。俗话说:"人生不如意事十之八九。"人生际遇不是个人力量可以左右的,而在诡谲多变、不如意之事十之八九的环境中,唯一能使我们快乐的办法,就是用包容的心态去面对生活,使自己的内心保持平和安详。

安详本是佛家用语。僧人学禅悟道走遍万水千山,所谓"芒鞋踏破岭头云"——不辞艰辛跋涉,去追求佛法真谛。这真谛是什么?就是一种安详的心态。

一个人能够包容生活,不管物质生活充实或贫乏,都能保持内心的安详,也就是在过着幸福的生活了。相反,如果一个人的心里紊乱不安,那么即使他身处高位,荣禄在身,他的生命也是处在煎熬之中。

佛门弟子苦参苦学,他们追求的是什么呢?绝不是什么神秘

的东西。因为真理是普遍的,神秘绝不是真理。他们追求的既不是神秘,也不是物欲,而是内心的安详。

前清时的王有龄,进京捐官成功,由于有他人的保荐,回到杭州很快就得到了海运局坐办的职务。而在胡雪岩的全力帮助下,涉及王有龄自己以及整个杭州官场人物前途的漕米解运的麻烦,也一举圆满解决。这个时候又恰逢湖州知府出缺。湖州为有名的生丝产地,丰饶富庶,是一个令许多官员垂涎的地方。王有龄因为漕米解运的事,已经在杭州得了能员之称,这使他一下子又得了湖州知府的肥差。不仅如此,他还同时得到了兼领浙江海运局坐办的许可。一切如意,他实在是太顺利了。

如此顺利,使王有龄自己都不能相信自己的运气会如此之好,他对胡雪岩说:"一年工夫不到,实在想不到有今日之下的局面。福者祸所倚,我心里反倒有些犯嘀咕了。"倒是胡雪岩大气得多,他对王有龄说:"千万要沉住气。今日之果,昨日之因,莫想过去,只看将来。今日之下如何,不要去管它,你只想着今天做了些什么,该做些什么就是了。"

胡雪岩的这番话,不外乎是说人要不为宠辱得失所动,不要过多地去想自己面对的得失,而应该保持安详平和的心态,注重做该做、必做的事。这番话虽然是针对王有龄的沉不住气说的,却也道出了人们该有包容之心这一点。人确实要有一点儿这种不为宠辱所动、不被得失所拘的大气。虽不能轻轻松松地将一时的得失荣辱看作过眼烟云，但一定要保持内心的平和安详。

## 宽容地对待爱人的过失

当两个人开始恋爱时，相互之间会许下难以计数的誓言。而结婚之后，要真正实现"长相知""永相守"，夫妻间还要经历多少感情的波折，却是无法预料的。

心理学家曾做过这样一个调查：他们对 80 对夫妻间的争吵进行分析，发现 3/4 以上都是因为一方的责怪引起的。而这些责怪往往来自对方的某些过失、因疏忽而犯的错误或无意间说的错话。在被责备的一方因不满责怪而辩解或反过来责怪对方时，夫妻间的别扭就闹大了。这种由责怪而引起的争吵，由争吵而引起的感情破裂之事，可谓不胜枚举。

心理学家说，在受到别人的责怪时，大多数人都会产生辩白心理，除非是做了明显的绝对无可推诿的错事。所谓辩白心理，指的是想为自己辩解，说明自己是无意间犯了错，或者由于情况复杂而难免出错等，无非是想找点儿"情有可原"的理由，来减轻一下自己受责怪时的心理负担。值得注意的是，这几乎是出于本能的心理现象，可以说是一种自然防卫心理，也可以说是人的自尊要求。但在大多数情况下，并不表示受责怪者想要推卸责任。实际上在辩解之后，他（她）的心理会逐渐趋于平衡，接着便会开始自责，承担责任了。只有向来骄傲或虚荣心太重的人，才会一直推卸责任。

了解了这一点之后，在你发现爱人的过失而责备他（她）的时候，不妨听他（她）辩解几句，让他（她）心里好受些。不能一味地责怪他（她），反驳他（她）辩解的言辞，使他（她）下不来台，否则必然会使他（她）更激动，声调变高，强硬的、不很理智的话就会冒出来。这时，就会发生争吵。

也许，对方的某一过失并不值得你去加以责怪，因为那只是一个小过失；或者在那样的情形下，即便是你，也是会犯错的。这种道理同样存在于对方所犯较大的过失时。因此心理学家主张，为了减少因为责备给双方带来的不快，夫妻间在发现对方不太严重的过失时，最好不要去责怪他（她）。倘若你能安静地听对方讲述事情的经过，并听完对方的辩白，然后以一种宽慰的语气说一句"啊，今后注意一些就是了"或者"算了，算我们不走

第三篇　放开眼光，没有胸怀就没有未来

运吧"，这便是最好的处理方式。这时犯错误的一方一定会如释重负，即使他（她）仍在自责，但他（她）减轻了心理压力，心里自然会深深地感激你。

事实上，过失是难以避免的，因为我们大多时候都不是谨小慎微的（而且谨小慎微有时也会成为一种过失）。大多时候，人们都避免不了犯错误，如一不留神打碎了杯子，递茶时不小心溅了别人一身茶水等。姑且不说这些过失一般人并不会生气，就是发生了更大的过失，在对生活有着开朗豁达态度的那些夫妻中，也不会大惊小怪、相互责备甚至吵架。因此，在夫妻关系中，夫妻双方要学会心胸宽广、互相体谅。如果彼此心胸狭隘，事事斤斤计较，太看重得失，那么家庭生活很难太平。在那些对婚姻生活思想准备不足、理想色彩很浓的新婚小夫妻中，因一方的小过失而引起双方的不快，也是时常发生的事。

新婚夫妇除了不要随便指责对方，还要注意伤害对方自尊心或双方感情的那些过失。这些过失与打碎物件或丢失东西不一样，无法用金钱来计算，伤害了感情就会在夫妻间微妙的关系中留下阴影。比如，妻子多次嫌丈夫出门穿得邋里邋遢，鞋带也不系好，今天见丈夫一如往常，于是有些不高兴地说："你总是这样随意，早知道就不跟你结婚了！"此话要是说得过了些，很容易伤害对方的自尊心,碰上脾气差的,会立刻回你一句:"你后悔了?那我们离婚吧!"如此一来,只会两败俱伤。在相互评价的问题上,夫妻间对爱人的过失要保持合情合理的态度:并非为了在一场争吵中分个高低胜负,而是帮助对方认识到自己所犯的过失并改正过来,避免今后再发生类似的过失。只有采用这种妥善的解决办法,才能在一方有过失时,仍然保持夫妻关系的和谐,保证爱情更长久。